100 Years of Architecture

图书在版编目（CIP）数据

现代建筑 100 年 / （英）艾伦·鲍尔斯著 ; 叶荟蓉译
. -- 北京 : 北京联合出版公司 , 2023.12
　　ISBN 978-7-5596-7149-3

　　Ⅰ . ①现… Ⅱ . ①艾… ②叶… Ⅲ . ①建筑艺术—世
界—现代 Ⅳ . ① TU-861

中国国家版本馆 CIP 数据核字 (2023) 第 137854 号

本书中文简体版版权归属于银杏树下（上海）图书有限责任公司
北京市版权局著作权合同登记　图字：01-2023-1786

现代建筑 100 年

著　　者：[英] 艾伦·鲍尔斯
译　　者：叶荟蓉
出 品 人：赵红仕
选题策划：后浪出版公司
出版统筹：吴兴元
编辑统筹：蒋天飞
特约编辑：王凌霄
责任编辑：孙志文
营销推广：ONEBOOK
装帧制造：墨白空间·黄海
内文制作：肖　霄

- -

北京联合出版公司出版
（北京市西城区德外大街 83 号楼 9 层　100088）
北京盛通印刷股份有限公司印刷　新华书店经销
字数 350 千字　935 毫米 × 1092 毫米　1/16　19.5 印张
2023 年 12 月第 1 版　2023 年 12 月第 1 次印刷
ISBN 978-7-5596-7149-3
定价：228.00 元

- -

后浪出版咨询（北京）有限责任公司　版权所有，侵权必究
投诉信箱：editor@hinabook.com　fawu@hinabook.com
未经书面许可，不得以任何方式转载、复制、翻印本书部分或全部内容
本书若有印、装质量问题，请与本公司联系调换，电话 010-64072833

现代建筑 1口口 年

Alan Powers ［英］艾伦·鲍尔斯 著 叶芸蓉 译

100 YEARS OF
ARCHITECTURE

北京联合出版公司
Beijing United Publishing Co.,Ltd.

目录

1

—

记忆、现代性
与现代主义

—

1890—1914 年

—

12—37

2

—

坚固性
与场景设计

—

1914—1939 年

—

38—59

3

新的现实

—

1914—1932 年

—

60—85

4

—

现代主义的
失落之地

—

1929—1950 年

—

86—103

5

—

别的现代：
浪漫主义
与修正

—

1933—1945 年

—

104—123

6

—

新世界

—

1945—1970 年

—

124—159

7

—

新工艺
与新形式

—

1920—1975 年

—

160—181

8

—

恢复的记忆

—

1950—2000 年

—

182—205

9

—

景观与位置

—

1965—2014 年

—

206—229

10

—

高技与低技

—

1975—2014 年

—

230—249

11

—

地标、超级
明星与全球
品牌

—

1980—2014 年

—

250—273

12

—

受控的经验

—

1989—2014 年

—

274—295

引言

一百年的建筑在历史上的任何一个阶段都涉及诸多内容，但对于从1914年开始的一百年而言，它代表了与人口增长有关的生产高潮。从整体上看，这个时期的作品因相关国家的发展阶段各异而显得极其不同，但随着全球化的发展，它在这一百年间又体现出更多的同一性。

书写这一时期的历史的方式可谓迥异。这种多样性很难用单一的故事情节来概括，因此这段历史体现出高度的选择性，在很长一段时间里都基于一种单一的阐释：20世纪是独一无二的，因为人们长期以来所期待的不以复制过去为基础的现代建筑的目标终于实现了。历史的书写在一段时间内与对这一突破的宣传密不可分。希格弗莱德·吉迪恩等20世纪20年代的历史学家解释了这一现象的特点，认为它来自19世纪中期新建筑技术的发展，以及对肤浅使用历史风格的失望。其中的关键在于保持势头、防止倒退。这些作者挑选

出一条由重要建筑为代表的发展路径，其中包括勒·柯布西耶设计的位于巴黎近郊的萨伏伊别墅、德绍的包豪斯学校，以及密斯·凡·德·罗的巴塞罗那世界博览会德国馆。这些建筑均建造于 1925—1930 年，并在 1932 年于纽约举办的著名展览（其中首次提出了"国际风格"）中占据了重要位置。这些熠熠生辉的建筑（每一栋都是从濒死状态中被拯救出来的，或者像巴塞罗那世界博览会德国馆那样以复制品的形式复活）传达了一个强有力的信息：存在于第一次世界大战之后、法西斯独裁者崛起和第二次世界大战之前的一个乌托邦式的未来。这些建筑一直是现代建筑的意义的基准之一，它们具有光滑的白色表面、庞大的窗户，并且令人信服地声称空间（而非表面、体量或构成）已经成为建筑的基本品质，它们现在仍然是现代主义者的圣地之一。

这些现代建筑的先驱从船只、飞机和粮仓中了解到，美是未经调解的技术过程的产物，不应该有关某个有意赋予的风格。同时，新建筑中最重要的部分是改变社会的潜力，通过对城市和区域规划的整体把控，它们可以为工业化造成的混乱带来秩序。这种和谐与完美的愿景及其控制性和教条性的精神在当时为人所信服。

这些思想一直保留着，但此后发生了很多事情。1930 年以后，现代主义出现了更加浪漫和地区主义的转变，在某些案例中，这种转变由以前的科学精确性的忠实信徒领导。尽管这一变化并不意味着对现代主义之前状况的逆转，但仍然具有重大意义。其背后是科研的重点从物理学转向生物学，建筑的外在表现也相应地从毫无质感的直线和网格转向有意靠拢自然的曲线和粗糙的表面。与此同时，作为对极权

利瑟莱厄别墅，丹麦，1949—1950 年

—

奥勒·哈根（1913—1984 年）

—

20 世纪中叶柔和、浪漫的设计方式常在许多现代主义的历史中被忽略或诋毁，止如本页两张图片所体现的，这种方式可以说比更著名的"地标"建筑更切合当下的关注。它不仅有关风格，而且有关建筑的材料和性能——这两个案例都使用木材制作有出檐的门廊，并延伸了缓坡屋顶。

邓顿被动式节能屋，萨默塞特郡，英格兰，2013 年

—

普鲁维特-比兹利建筑事务所：罗伯特·普鲁维特（生于 1970 年）和格雷厄姆·比兹利（生于 1969 年）

—

格雷厄姆·比兹利自住的房子是低能耗的最佳示范，它结合了有着农业建筑的宽阔形制的农村住房。许多"经典"现代主义建筑的环保性能不佳，因而它们不再是合适的效仿对象，即使它们可以被当成艺术品。

**哥德堡市剧院，哥塔广场，瑞典，
1929—1934 年**

—

卡尔·伯格斯滕（1879—1935 年）

—

这座瑞典港口城市在 1923 年举办了一次大型展览，并规划了一个古典风格的新市民广场。到了 1934 年，大多数瑞典建筑师都成了现代主义者，尼尔斯·艾纳尔·埃里克森于 1931—1935 年设计的音乐厅位于伯格斯滕设计的剧院对面，被公认为是一个建筑典范。而这座剧院却并不符合上流的古典主义中"瑞典式优雅"的范式，它以一种俏皮的、"不正确"的方式使用了爱奥尼柱式和其他元素，让人想起法国大革命时期的建筑（当时这类建筑得到了回顾，并被认为可能是现代主义的源头），同时又像 20 世纪 80 年代的詹姆斯·斯特林那样打破了规则。

**皇家歌剧院扩建工程，科文特花园，
伦敦，1983—1999 年**

—

狄克逊–琼斯建筑事务所：杰里米·狄克逊（生于 1939 年）和爱德华·琼斯（生于 1939 年）
绘画：卡尔·劳宾（生于 1947 年）

—

在现代建筑中使用古典元素一直饱受业内人士的非议，但人民或他们国家（如英国）的贵族鲜少对此担忧。在后现代主义时期，杰里米·狄克逊设计的房屋和公共建筑中，语境起到了重要的作用。其中包括恢复伊尼戈·琼斯设计的科文特花园广场（1630 年）中一个缺失良久的角落的效果以及有顶的拱廊。这一策略可与 50 年前卡尔·伯格斯滕的设计相媲美，他在其中创造性地使用古典主义来营造传统的市民空间。

主义的回应，建筑开始更多地体现为包容所有人的育人环境。一直潜在影响着现代主义的民间建筑传统也更明确地被重新解释为新设计的基础。

在 1965 年的文章《现代建筑的英雄时期》中，艾莉森和彼得·史密森将 20 世纪 30 年代和 40 年代视为从现代主义的崇高理想和最纯粹的形式表达中退出的时期。20 世纪中叶的多元化被认为是妥协，因此这期间的许多作品都被忽略了，但本书中刻意增加了对那些艰难岁月的叙述。正是那个时候的砖造或木造建筑（不一定是平

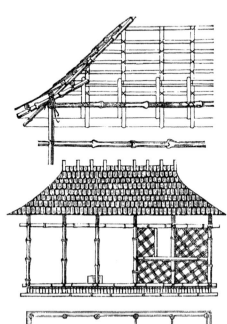

于伦敦水晶宫展出的加勒比小屋，
1851 年
—
戈特弗里德·森佩尔 (1803—1879 年)

在举办世界博览会的 1851 年，德国理论家和建筑师戈特弗里德·森佩尔作为政治流亡者在伦敦被一座小屋吸引住了。小屋以竹子搭建，框架中用编织板填充，这符合他的建筑理论：编织是建筑和所有其他形式的制造的原始活动。森佩尔有关覆面的理论作为一个半隐半现的主题贯穿了现代主义。

顶）才会被误认为是现在的建筑，而不是之前的白立方式建筑，这可能不是它们价值的铁证，但表明了它们并非发展的终点。

对许多人来说，更具挑战性的是跨越现代建筑的抽象性与历史和地方传统中的明确表达之间的风格分界线，然而 20 世纪的建筑史不仅是现代主义的历史，在这一时期，历史也起到了扭曲作用。现代主义像基督教会一样在早期遭受迫害，一开始只是这条线一侧的一个小营地，直到 20 世纪 60 年代才通过压制对手而兴起，并占领了整个领域。纳粹主义等独裁主义在迫害现代主义中担任的角色给这种争论带来了强大的但可以说是无关紧要的是非证明，并导致了 1945 年后的反向迫害。本书并未收录这些建筑，但用了比大多数书籍更多的篇幅来阐述 20 世纪现代主义的逆流，包括极权主义时期之前和之后的内容。各个章节的交替如同不同阵营的对话，其目的是明确各方情况，并化解它们之间的对立。

20 世纪 80 年代对建筑的统一性进行了全方面的反抗，其中以后现代主义为代表，但早先的偏离道路已经指明了方向，即更多样的现代建筑样式。可以说后现代主义只是为自己找了一个名字、一些口号和一些著名成员，使已经存在的东西看起来像一个新的运动。

虽然现代主义自称开始于 1914 年之前几年，其思想根源和技术方面的发展却可以追溯到更久远的年代。现代主义编史本身就包含了许多亚文化和冲突，当前的建筑流派也是从它们之中获得了认同感。19 世纪中叶的德国建筑师戈特弗里德·森佩尔认为建筑起源于织造和纺织品，而不是结构，因此墙的特质比支撑框架的基本结构更重要。这一思想多年来一直被忽视，但在这个历史与创造性的对话中，最有趣的例子之一是 20 世纪 90 年代的回潮，它激发了对彩色材料和图案的新兴趣，并略微回顾了通常由计算机生成的装饰性表面。

多年来，现代主义的历史一直被误解为只存在于西欧和美国，因为这些国家认为自己的文化至上性毋庸置疑，这种信念定义了所有的是非标准，并忽略了世界其他地方所发生的事情。即使意识到这一点也很难完全纠正这种平衡，不过有人已经做了一些尝试。

无论如何努力，捕捉相对近期的过去都是困难的。此书的内容基本上是一系列快照，其中不一定是作为先锋被载入史册的建筑，而是能显示出世界各地建筑实践的多样性的范例，它们既包括简易的地方建筑，也包括宏伟的展示品。这些在体量上具有反差性的组合一直存在于现代主义中，因此，在每一个时期，任何类别都只是冰山一角。

需要补充的是，本书基于"建筑就是建筑物"（architecture means buildings）的观点，这一点很可能会受到质疑，因为在智性和艺术层面上，不论真实还是非真实

维多利亚与阿尔伯特儿童博物馆，
贝斯纳绿地，伦敦，1872 年，
2002—2007 年扩建
—
阿尔伯特亲王（1819—1861 年），卡鲁
索-圣约翰建筑事务所扩建：亚当·卡鲁
索（生于 1962 年）和彼得·圣约翰（生于
1959 年）
—
戈特弗里德·森佩尔参与了被称为"布朗
普顿锅炉"的钢铁和玻璃结构的早期设计。
这个建筑项目最初是现在的维多利亚与
阿尔伯特博物馆的一部分。1872 年，它
搬到了东伦敦的贝斯纳绿地，詹姆斯·威
廉·怀尔德为其添加了一个颇具德国风格
的新砖墙。130 年后，在建造新的临街面
时，卡鲁索-圣约翰建筑事务所不顾现代
主义对装饰的反对，添加了一面以彩色石
料装饰的森佩尔风格的外墙。

的情况，未建成的项目和推测性方案都对现代主义的认同做出了巨大贡献。其他书籍在这方面要更加公正，不过本书主要关注实际建造和保留下来的建筑，这往往要归功于保护主义者反对拆除、寻求法律保护和实施适当的维修的努力。

用一张图片来表现一座建筑物同样会受到质疑，因为这似乎在强调只有留下影像记录的建筑才会被载入史册，而现代主义尤其试图超越图像的肤浅性，并关注不那么显而易见的层面，如建筑的社会作用，或隐藏在结构或功能中的独创性。照片存在诸多问题，因为它只能在很小的程度上表现空间，而现代主义者认为，他们在 19 世纪末的特殊贡献就是把空间这一建筑特质从传统建筑类型和表面装饰的重压中恢复过来。想要真正体验空间，亲自参观这些建筑并了解它们的内部和外部是无可替代的方式。

1

—

记忆、现代性
与现代主义

—

1890—1914 年

安东尼奥·圣埃里亚（1888—1916 年）

圣埃里亚的画作在 1914 年展出，并与意大利未来主义运动相关。这些作品展示了与绘画和雕塑的先锋运动融合和分离的现代主义流派。房屋由外部电梯连接，铁轨从中穿过，他的这一愿景集中体现出未来主义对活力和危险的理想，是意大利对历史的痴迷的极端回应。这些被遗忘多年的画作激发了 20 世纪 60 年代及以后的建筑师的灵感。

尽管欧洲在 1914—1918 年的战争时期标志着政治和文化的重大变化，但建筑的变革大约在 1890 年就已经开始。其思想和理论根源可以追溯到更远，即建筑美学应该与技术发展同步，同时要为社会服务，有时还要领导社会。不管是工业和工程结构、铁和石质的铁路桥，还是 1851 年伦敦水晶宫的巨型温室，都显示了形式、结构和象征性意象的一致性如何共同发挥作用，但直到 1890 年前后建筑经济开始受到钢筋混凝土和廉价钢材的影响时，建筑才产生了更剧烈的变化。

1914 年之前的 25 年里，人们的日常生活因电话、电灯和汽车的出现而改变。艺术和思想的运动也在加速，出现了塞尚、弗洛伊德、爱因斯坦和玻尔等人；妇女和工人为基本权利和自由而战。那么，建筑相应的变化在哪里呢？

人们通常认为建筑必须摆脱的负担是历史，这些历史以旧风格的记忆的形式存在，其语法和语汇与现代的机械化方法相矛盾，因此现代主义可以作为一种有关纯粹形式的全新美学出现，并由工程逻辑和机器生产的部件塑造。新艺术运动及其同源形式中产生了一些不同寻常的东西——文化记忆（尤其在民族主义形式中）与自然的曲线混合后产生的承载意义的全新的装饰艺术。随着 19 世纪末的迷雾开始散去，弗兰克·劳埃德·赖特设计的住宅和芝加哥周围的其他建筑展示了旧有的形式如何在作品中被拉伸、打破、重排，并形成一种连贯的、可传播的美学，使空间的第三维度显现出前所未有的清晰且令人激动。根据大多数权威说法，未来的道路从这里开始延伸，格罗皮乌斯和迈耶 1911 年设计的法古斯工厂便是这条路线上的第一个路标。

在承认这一成就的同时，1914 年之前发生的许多其他事情都被淡化，甚至从记录中删除。在欧洲，与赖特处于同一时代的人发展出了其他相互交织的现代主义流派。佩雷、贝伦斯、贝尔拉赫和瓦格纳都是具有重要地位和影响力的理论家和教师，后两位还是城市规划师。这四个人无论是在学院还是在他们的事务所里都参与了对建筑师的培训，并在他们各自的国家塑造了之后延续数代的民族风格。他们横跨学术机构和艺术与表达的新世界，每一个人都可以与某些材料挂钩，比如佩雷与钢筋混凝土、贝伦斯与钢、贝尔拉赫与砖、瓦格纳与改变了表面和结构之间的关系的装饰性覆面。

当然，这一时期远比此更丰富多样，建筑师还有很多其他方式来协调技术上的现代性与记忆的合理诉求，在满足现代主义社会服务功能的同时，也为语境和意义留下了空间。

**格拉斯哥艺术学院，1897—1899 年，
1907—1909 年**

—

查尔斯·麦金托什（1868—1928 年）

—

在格拉斯哥艺术学院建造的第一阶段，大型工作室窗户开始变得抽象化，而这正是麦金托什所追求的。这座建筑借鉴了维多利亚后期折中主义的设计，但又将其转向新的方向。10 年后这座建筑完工时，麦金托什已然成为欧洲名人，但在格拉斯哥，他的风格却被认为是过时的。用作图书馆的翼楼（2014 年因内部起火而被烧毁）使建筑显得更高。

古埃尔领地教堂地下室，圣科洛马德塞尔韦略，巴塞罗那，1908—1914 年

—

安东尼·高迪（1852—1926 年）

—

高迪是将加泰罗尼亚地区的哥特复兴转变为国际新艺术运动的一个分支的建筑师群体成员之一。他的赞助人欧塞维奥·古埃尔创建了一个工人居住区，其未完成的礼拜堂沿用了高迪的设计方法，其中使用以悬挂的金属丝为模型的悬链线来模仿自然的形式。瓷砖、玄武岩和砖块配合用废铁制成的格栅产生了变幻不定的效果。

阿姆斯特丹证券交易所，1898—1903 年

—

亨德里克·彼得鲁斯·贝尔拉赫（1856—1934 年）

—

这是贝尔拉赫最伟大的作品，坐落在临近阿姆斯特丹中央车站附近的显著位置。在这个项目中，他实现了基于森佩尔和维欧勒·勒·杜克理念的"良好的诚实建造原则"。所有的元素都在证券交易所的砖石墙中相互交错着，铸铁屋顶的支撑架从砖墙中"赤裸裸地……带着其简约之美"伸出。

奥地利邮政储蓄银行，维也纳，1904—1906 年，1910—1912 年

—

奥托·瓦格纳（1841—1918 年）

—

在哈布斯堡王朝的最后几年里，奥托·瓦格纳是维也纳的重要建筑师、城市规划师和教师。储蓄银行是天主教对传统的"小人物"银行的回应，它简化了古典的结构，体现出罗斯金用有铝制头部的铆钉固定的大理石板对墙壁的"坦诚包裹"。屋顶轮廓线上的雕塑也用铝制成，对于当时的建筑来说，这还是一种新兴的金属。

**联合教堂，奥克帕克，伊利诺伊州，
1905—1908 年**

—

弗兰克·劳埃德·赖特（1867—1959 年）

—

大约在设计开启他事业篇章的芝加哥近郊
的联合教堂时，赖特告诉一位比他年长的
建筑师："我承认自己喜欢干净的棱角，立
方体让我觉得很舒服。"这座教堂的混凝
土结构充满了重复元素，平面呈正方形，
由网格状玻璃屋顶分割，人们从拐角处进
入时就能看到这个屋顶。通过这座教堂和
其他设计成果的出版，赖特的影响力传播
到了欧洲。

美国酒吧，克恩滕巷，维也纳，1908 年

—

阿道夫·路斯（1870—1933 年）

—

在访问芝加哥之后，路斯十分欣赏赖特的老师路易斯·沙利文的作品，这可能也解释了路斯设计的酒吧与联合教堂的相似性。大理石天花板的网格延伸到上方镜面之中的虚幻空间。装饰被简化为建筑材料的纹理以及结构中必要的优雅。奥斯卡·科柯施卡（1886—1980 年）写道："这个酒吧的宁静慎重使人得以在此退去弥漫在其他咖啡馆中的躁动。"

19 记忆、现代性与现代主义

**斯托克雷特宫，布鲁塞尔，
1905—1911 年**

—

约瑟夫·霍夫曼（1870—1956 年）

—

银行家阿道夫·斯托克雷特让维也纳后瓦格纳时代的领袖创造了一件整体艺术，其自由组合的外观受到麦金托什的影响，预示着装饰派艺术的发展，而其奢华的内部装饰则是画家古斯塔夫·克里姆特指导下的产物。外部的白色大理石护层掩盖了结构，边角处用金属固定。斯托克雷特夫人是一名巴黎艺评人和艺术商的女儿，她每天都会帮丈夫选择领带以搭配花饰。

**德国通用电气公司涡轮机厂房，柏林，
1909 年**

—

彼得·贝伦斯（1868—1940 年）

—

彼得·贝伦斯先是艺术家，然后才成为建
筑师和全能设计师，他于 1907 年成为德
国通用电气公司（1883 年起成为爱迪生
专利的德国持有者）的大型生产项目的艺
术顾问，在德国产生了巨大的影响。在通
用电气公司的建筑、产品和印刷产品中，
贝伦斯追求柏拉图式的纯粹形式。涡轮机
厂房的侧墙上可以看到外露的钢架，而厂
房的端部则让人联想到大型古典门廊。

**法古斯工厂，阿尔费尔德，
1911—1912 年，1914 年扩建**

—

瓦尔特·格罗皮乌斯（1883—1969 年）和
阿道夫·迈耶（1881—1929 年）

—

1891 年后，美国的机器生产使鞋码定制
变得经济实惠，卡尔·本沙伊德以德国足
部健康改革和良好就业为目的，在阿尔费
尔德开始进行鞋楦生产。他建立了一个模
范工厂：最初是与当地建筑师合作，后来
瓦尔特·格罗皮乌斯因曾与贝伦斯共事而
获得了这一项目的工作机会。1914 年的
扩建工程使有金属框的玻璃在办公区的入
口旁形成了透明的角落，格罗皮乌斯因此
实现了他"轻灵化"的目标。

剧场，德意志制造联盟展览，科隆，1914 年

—

亨利·凡·德·威尔德（1863—1957 年）

凡·德·威尔德起初是一名画家，1900
年后，他以新艺术风格设计师和建筑师的
身份在德国的先锋赞助人中赢得了声誉。
1914 年的德意志制造联盟展览（因战争
爆发而提前结束）记录了前现代主义的各
个类别，相比同侪的作品，凡·德·威尔
德使用现代设计语汇的方案并不死板，这
座剧场内部的三段式舞台更是他无可比拟
的创新。这座临时建筑于 1920 年被拆除。

香榭丽舍剧院，蒙田大道，巴黎，1911—1913 年

—

奥古斯特·佩雷（1874—1954 年）

佩雷家族是钢筋混凝土建筑的专家，作为
一名建筑师，奥古斯特·佩雷在与家族
的合作中得到了训练。在香榭丽舍剧院的
项目中，他本是凡·德·威尔德的建筑顾
问，但他以凡·德·威尔德的结构需要重
新设计为理由说服了客户，从而取代了他
原本的合作者。佩雷认为，混凝土体现出
法国传统中的理性原则，连接了历史和现
代。剧院的立面由雕塑家安托万·布德尔
（1861—1929 年）设计，但它仍因过于德
国化而受到批评。

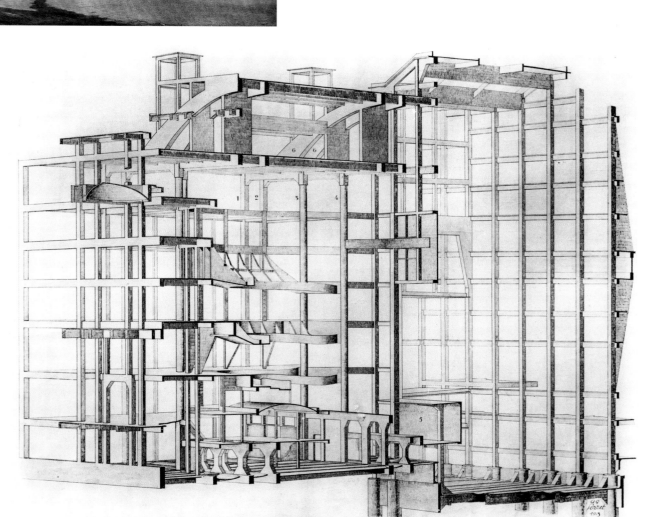

**威斯敏斯特主教座堂，伦敦，
1895—1903 年**

—

约翰·弗朗西斯·本特利（1839—1902 年）

—

为了确定天主教会在英国复兴的地位，本特利设计的这座主教座堂用于供奉"我主耶稣基督最宝贵的血"，并使用经济的拜占庭风格，以便快速完成建造以及进行后期的装饰。其穹顶使用无钢筋混凝土制成，而曾经被称为"红衣主教沃恩火车站"的地方仍是一个庄严高耸的空间，只有部分被马赛克和大理石覆盖，综合了英国建筑中不同的派别。本特利飘忽不定的"自由风格"外观是一个巧妙的历史综合体。

圣约翰大教堂，阿姆斯特丹大道，纽约，
1892 年至今
—
乔治·刘易斯·海因斯（1860—1907 年）和
克里斯托弗·格兰特·拉法基（1862—
1938 年），1909 年后由拉尔夫·亚当·克
拉姆（1863—1942 年）接管
—
由海因斯和拉法基设计的交叉穹顶使用了
获得专利的瓜斯塔维诺瓦片，又称铃鼓拱
顶，是对历史技术的现代改造。虽然穹顶
是临时性的，但当克拉姆在早期结构的基
础上增建中殿和耳堂时，它仍然是这座大
型哥特式建筑的核心。克拉姆有时会使用
其他风格，不过他相信哥特式设计将结构
的创新思维与传统的石匠技术相结合的普
适性。

Cathedral of St. John's Divine, New York City.

基督教科学派教堂，伯克利，加利福尼亚州，1910—1912 年

—

伯纳德·梅贝克（1862—1957 年）

—

这座教堂位于伯克利的一个进步学术社区之中，"用现代材料展现的纯粹的罗马式风格"是伯纳德·梅贝克对它的评价。其设计与赖特的联合教堂遥相呼应，它们在平面布局、形式和体量上都很相似，但基督教科学派教堂色彩丰富，还具有融合了多种传统的哥特式窗格。颂诗台的混凝土正面装饰着树木图案，以掩盖其浇筑过程中的瑕疵。教堂周围的街道上还有许多由梅贝克设计的富有想象力的木质棚屋。

夸尔修道院，怀特岛，英格兰，1911—1912 年

—

保罗·贝洛修士（1876—1944 年）

—

从巴黎美术学院毕业后，贝洛加入了本笃会，是 1901 年在夸尔流亡的 100 个法国人的一员。从那时起，他在荷兰设计并建造了一座修道院，然后开始建造他在英国的唯一的作品。这座修道院的风格类似富有活力、没有装饰的砖砌哥特式，圣殿上有夸张的交错拱顶。在漫长的职业生涯中，贝洛在比利时、加拿大、法国和葡萄牙都建造了修道院和教区教堂。

记忆、现代性与现代主义

**赫尔辛基中央火车站，1904 年竞赛，
1910—1919 年建造**

—

伊利尔·沙里宁（1873—1950 年）

—

19 世纪 90 年代，北欧国家将英国工艺美术和德国青年风格的元素与 H. H. 理查森的大型罗马式砖石建筑结合起来，以取代此前单薄的古典主义。在芬兰，民族语言和神话也在复兴。沙里宁赢得了这座火车站的竞赛，但在受到竞争对手的批评后，其设计中的民族主义淡化了，他增加了一个美国式塔楼，但旁边有四个神话中的持球巨人。

总督府（现为印度总统府），新德里，
1912—1929 年

—

埃德温·勒琴斯爵士（1869—1944 年）

—

在 1914 年之前的帝国古典主义浪潮中，
为了在新首都里体现英国在印度的统治，
勒琴斯带来了风格上的开放性和形式上的
精细化，探出的檐口（*chhajja*）的上部和
下部融合了莫卧儿帝国和文艺复兴时期的
元素。批评家罗伯特·拜伦在 1931 年写
道："他将东西方互为补充的精华融为一
体，并赋予它们双重的辉煌。"

医学和药学院，波尔多，1876—1888 年，
1902—1922 年

—

让-路易·帕斯卡（1837—1920 年）

—

帕斯卡在巴黎的工作室里培养了几位英国
和美国的建筑师，使巴黎美术学院的设计
技术在现代主义早期得到了传播。1914 年，
他被授予英国皇家建筑师协会金质奖章，
以示对学院古典主义的持久价值的欣赏。
这种价值体现于波尔多的这栋建筑中，它
从设计到完工经历了漫长的时间，但是丝
毫没有受到时尚更迭的影响。

"线性城市"，1882 年

—

阿尔图罗·索里亚–马塔（1844—1920 年）

—

索里亚负责设计了马德里有轨电车网，他在 1882 年发表了解决现代城市拥堵的方案，提倡在火车和电车轨道旁建设楼房，以产生一种比郊区正常增长更灵活、更公平、更健康的城市发展模式，并允许土地和房屋的私有化。他在马德里周围修建了一条环形铁路来测试这一想法，但被房地产投机买卖挫败，不过这种理念一直存在。

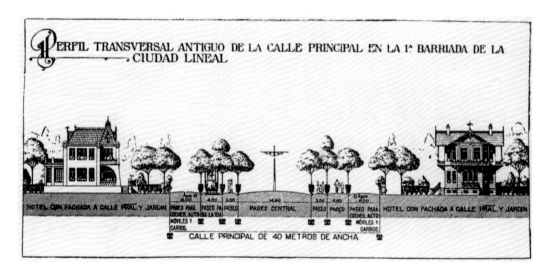

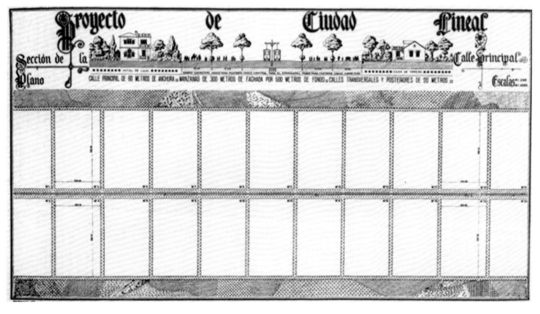

瓦文公寓，瓦文街 26 号，巴黎，1912—1913 年

—

亨利·绍瓦热（1873—1932 年）和夏尔·萨拉赞（1873—1950 年）

—

绍瓦热从 1904 年开始设计廉价卫生住房。他与萨拉赞一起申请了"阶梯式建筑"（*immeuble à gradins*）的专利。这类建筑有着阶梯状的混凝土结构，使每个公寓都有光线充沛的阳台并保证了隐私，其外形甚至与金字塔有些相似。瓦文街（绍瓦热自己居住的地方）上的这座建筑和后来阿米罗街的同类建筑的外面都铺有白瓷砖。后者在建筑物斜面之间的剩余空间内加入了游泳池。

"花园城市" 示意图，1898 年

—

埃比尼泽·霍华德（1850—1928 年）

—

在 1898 年出版的《明日——真正改革的和平之路》一书中，社会思想家霍华德描述了一种全新发展形式的经济和空间基础，它结合了城镇和乡村的最优面：分区、铁路和公路服务，以及处于可持续的规模内。已开发土地的价值将回归社区。建成于 1905 年的莱奇沃思花园城市便是最初的案例，德国和其他地区的城市规划者对此也非常感兴趣。

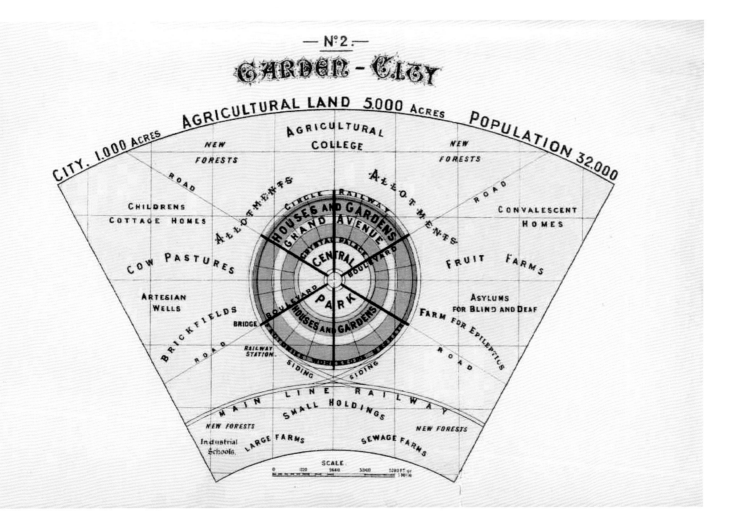

达尔克罗兹学院剧院，赫勒劳花园城市，德累斯顿，1911 年

—

海因里希·特森诺（1876—1950 年）

—

赫勒劳由一群建筑师设计，是德国最著名的花园城市。埃米尔·雅克-达尔克罗兹被鼓励在赫勒劳定居并执教，他是瑞士韵律舞蹈的倡导者，并将韵律舞蹈当作音乐训练的实体对应。特森诺设计的长条形古典风格剧场用于演出，年轻的勒·柯布西耶等人都曾造访此处。剧院内的墙壁由彩色电灯从内部照亮，而舞台布景则是阿道夫·阿皮亚设计的阶梯和平台。

莱赫费尔德大街 7—10 号，慕尼黑莱姆区，1910—1911 年

—

特奥多·费舍尔（1862—1938 年）

—

德国建筑师往往受到英国花园城市的启发，在城市边缘开发小型住宅区，而费舍尔是他们之中的佼佼者。虽然通往后花园的拱形入口与德国庭院规划更为相似，但陡峭的屋顶体现出英国先例的影响。尽管如此，这些项目打破了常用作工人阶级住宅的出租屋的形式，为后来的现代主义住房开创了先例。

市民中心拟建方案，芝加哥，1909 年

—

丹尼尔·H. 伯纳姆（1846—1912 年），由
朱尔·介朗（1866—1946 年）渲染

—

1893 年在芝加哥举办的哥伦布纪念博览
会促成了 1909 年的芝加哥城市规划，这
两个事件都体现了布扎体系在美国的影
响，被称为"城市美化运动"。伯纳姆规
划的芝加哥以彩色图版广泛传播，其中设
想了一个与 1871 年大火后兴建的截然不
同的城市。这一规划希望将公路和铁路隐
藏在地面以下，还引入了放射状道路来代
替网格状道路。

**伍尔沃斯大楼，百老汇大道 233 号，
纽约，1910—1913 年**

—

卡斯 · 吉尔伯特（1859—1934 年）

—

路易斯 · 沙利文在美国中西部设计的开创
性的摩天大楼本质上是古典的，属于 19
世纪 90 年代。此后，这种摩天大楼的理
念传播到了纽约，伍尔沃斯大楼由一家白
手起家的零售商兴建，其高度超过了其他
第一代摩天大楼。它呈现出哥特式风格
（合理对应了垂直元素），因而不可避免地
被称为"商业大教堂"。钢架外覆盖着奶
白色的陶瓦。这栋建筑在 1998 年之前一
直属于伍尔沃斯公司，现在已改作住宅。

2
—
坚固性与
场景设计
—
1914－1939 年

埃里克·贡纳尔·阿斯普伦德（1885—
1940 年）

1912 年前后，一代北欧建筑师重新发掘
了当地的新古典主义传统，这种传统受到
法国风格的启发，在细节上表现出女性美
和精致化，但体量巨大。阿斯普伦德设计
的电影院比他的画作体现出的稍小，创造
了一段通往想象世界的神秘旅程。影院的
场景设定于地中海的夜空之下，内部装饰
着庞贝式的红色油漆，楼座的外表面饰有
花纹——颜色是 20 世纪 20 年代的一个
重要主题，它奇迹般地保存了下来。

在詹姆斯·乔伊斯 1922 年出版的《尤利西斯》一书中，他的另一个自我斯蒂芬·代达罗斯宣称"历史是一个我努力逃离的噩梦"；1915 年，美国评论家范·威克·布鲁克斯写下的几乎同等著名的句子论述了所谓"有用的过去"的可能性。建筑师根据他们的观点而分成不同阵营。有用的过去意味着依照目的对历史进行批判性的筛选，这也是让建筑师在公认风格的框架内发挥创造力和独创性的方式，尽管现代主义出现之后，这种公开的回顾似乎是无关紧要的，甚至是危险的。

现代主义出现于第一次世界大战之后，在很多方面显得不切实际且过于教条，保罗·克雷等法国大师设计的房间序列中体现的典雅也向现代主义者发起了挑战。实体性具有实用的优点，它保持了温度并隔绝了噪声。借助原始主义和简单朴素的美学，任意规模的砖头和石块都获得了全新的富有表现力和情感性的特质。亚述和巴比伦等地的古代建筑的新发现提供了可以取代被滥用的希腊和罗马古典主义的细节，丰富了装饰派艺术风格的外观。这些熟悉的复兴风格使我们更深入地理解它们的考古学意义，同时，克制的风格为古典柱式增添了表现力。然而，克制风格并不总是受重视，好莱坞史诗电影的影棚布景的特征也随处可见。

尽管如此，20 世纪 20 至 30 年代，从波罗的海到地中海乃至全球各地都可以看到一种独特的古典风格。它往往从 18 世纪 90 年代的新古典主义的简化中汲取灵感，将中间的 19 世纪视作绕向折中主义的弯路。这种风格的情感范围非常广泛，包括极其迷人的"瑞典式优雅"风格，神经质的意大利矫饰主义的"20 世纪"风格，以及令人不适的意大利法西斯时期的建筑和德国纳粹时期的建筑（二者都是已有的设计趋势的延续）。1945 年之后，斯大林时期的苏联保留了大型官方学院风格，体现在莫斯科的地铁站中。奥古斯特·佩雷强调了他对古典构图的构造逻辑的认同，这一逻辑深深地根植于法国精神，即便在使用可塑的混凝土材料时也是如此。作为工艺美术运动精神的延续者的雕塑家、壁画家和其他艺术家也受到了追捧。

哥特式的盛行则有些出人意料，它们有时体积庞大且具有原始感，也容易出现华丽的装饰。1925 年的芝加哥论坛报大厦产生于一场国际竞赛，由于与战后初期的象征意义相关而成了一座哥特式摩天大楼。在德国，众多教堂的建造孕育了简化的罗马式风格，其中带有圆形拱门的高耸砖墙无须虚张声势就传达了庄严之感。

斯德哥尔摩市政厅，1911—1923 年

—

拉格纳·奥斯特伯格（1866—1945 年）

斯德哥尔摩市政厅是瑞典的浪漫主义风格的典范，它围绕两个开放的空间而建，相交的砖砌外墙面对城市里的一个湖泊。尽管它外观平整朴素，但左侧有一排尖顶窗，右侧有一个连接庭院和水面的开放式拱廊。市政厅的装饰细节还包括在传统上象征着瑞典的三顶皇冠，它被安装在 106米高的塔楼上。

希尔弗瑟姆市政厅，荷兰，1928—1931 年

—

威廉·马里努斯·杜多克（1884—1974 年）

作为荷兰希尔弗瑟姆的市政建筑师，杜多克负责城市的扩建，还有住宅、庄园、泳池、公园和花园的设计。这座市政厅就是他的杰作。该建筑深受弗兰克·劳埃德·赖特的草原式住宅的影响，具有醒目的水平线条和大型塔楼。建筑由两个正方形内院组成：一个被办公区环绕，另一个被低矮的楼层环绕。建筑表面的黄砖将不同的组成部分包裹起来，统一了相互交融的实与虚的形式。

40

**奥斯陆市政厅，1918 年竞赛，
1931—1950 年建造**

—

**阿恩斯坦·阿尔内伯格（1882—1961 年）
和马格努斯·普鲁桑（1881—1958 年）**

—

奥斯陆市政厅体量巨大，呈对称布局，朴素的砖砌轮廓标志着北欧"重型"市政厅时代的结束。斯德哥尔摩和哥本哈根市政厅的建筑师担任了此次竞赛的评委，但这座建筑耗时过长，以至于它还没有竣工就已经过时了。市政厅入口处有花岗岩雕刻的图案，极具仪式感的内部空间铺设了石质地板并绘有爱国主义主题壁画。挪威历史学家克里斯蒂安·诺贝格-舒尔茨将市政厅描述为"反映其长期发展过程特征的异质并置：民族浪漫主义、晚期古典主义和功能主义，再加上不合时宜的艺术装饰"。

内布拉斯加州议会大厦，林肯，1920 年
竞赛，1922—1932 年建造

—

伯特伦·格罗夫纳·古德休
（1869—1924 年）

—

这座塔楼从草原上拔地而起，体现了古德
休在哥特式建筑方面的经验。它是一座十
分新颖的议会大厦，并在保守的美国建筑
大环境下为古德休赢得了内布拉斯加州的
委托。古德休将其描述为"一种经典，无
疑又非常松散的风格……我发现自己过
于保守，无法完全舍弃习以为常的装饰语
言"。议会大厦的内部装饰着丰富的绘画
和雕塑。

国家公共工程博物馆（现耶拿宫），巴黎，1936—1948 年

—

奥古斯特·佩雷（1874—1954 年）

佩雷曾在他最经典的一篇文章中夸耀说，在他的混凝土建筑中没有任何石膏的痕迹。国家公共工程博物馆是 1937 年现代艺术与技术国际博览会的场馆之一，用于展示大型机械。它由一个礼堂和三层挑廊组成，使用了新的混凝土细柱和网格状天花梁，既理性又具有法国特征。无支撑的螺旋形混凝土楼梯从楼梯平台延伸至二层，人在踏上时能感受到轻微的反弹。

斯德哥尔摩公共图书馆，1921—1928 年

—

埃里克·贡纳尔·阿斯普伦德（1885—1940 年）

这座如同玩具一般又略带疏远的图书馆有着模棱两可的特质，它展示了如何在古典主义中嵌入多层次意义和参照，同时又是富有表现力的空间的生动媒介。在这个空间中，狭窄的楼梯通向宽阔的、光线充足的中央圆形大厅。图书馆坐落在露出地面的岩地的边缘，将城市网格与野性的自然连接在一起，同时屹立于新旧建筑之间。

朱尔斯·E.马斯特鲍姆基金会，罗丹美术馆，本杰明·富兰克林公园大道，费城，1926—1929年

—

保罗·克雷（1876—1945年）和雅克·格雷贝尔（1882—1962年）

—

美国对法国建筑的迷恋从19世纪80年代开始，到1900年成为教学和公共建筑的基础。1903年，保罗·克雷来到宾夕法尼亚大学任教。这张图纸体现出横截面对法国人理解建筑特征的重要性，并表现了空间、光线和装饰的顺序。克雷的学生之一是将这种美学实践带入现代主义的路易斯·康。

法堡博物馆，丹麦，1912—1915年

—

卡尔·彼得森（1874—1923年）

—

彼得森在年轻时就确定了自己的方向：向一百年前的丹麦建筑师和艺术家学习，回归"古典主义对形式和线条的完全掌握"，并结合古希腊绚丽的色彩。他将此视为一种有效的现代工作方式，而非单纯的折中复制。法堡博物馆是他的代表作，也开启了1920年后所有北欧国家的古典复兴的进程。博物馆中所藏的家具风格与凯尔·柯林特的设计类似。

圣心教堂，威诺拉迪，布拉格，1928—1932 年

—

约热·普雷契尼克（1872—1957 年）

—

来自斯洛文尼亚的普雷契尼克在布拉格大受欢迎，他在那里度过了他的中年时期，主要从事城市中城堡的建设。作为奥托·瓦格纳的得意门生，普雷契尼克吸收了森佩尔的理论，在他漫长的职业生涯中展现了古典主义如何不粗糙或不迂腐地体现情感上的力量。探出的反光砖和风格化的花环组成了圣心教堂的"貂皮斗篷"，清晰地体现出森佩尔的建筑覆面和外包板的理念。普雷契尼克的事业在卢布尔雅那得以继续，他改造了这座城市。

圣安东尼教堂，巴塞尔，1925—1927 年

—

卡尔·莫塞（1860—1936 年）

—

就像佩雷在 1923 年设计的巴黎勒兰西圣母教堂一样，混凝土建筑也为这位时年 65 岁的瑞士建筑师和学者提供了重新设计这座巴西利卡式教堂的参照。莫塞强调了大面积的彩色玻璃窗和其他具有原始"中世纪现代"精神的配件，延续了青年风格的协作精神。1928 年，莫塞成为国际现代建筑协会（CIAM）的第一任主席。

圣嘉民教堂，门兴格拉德巴赫，德国，1929—1934 年

—

多米尼库斯·波姆（1880—1955 年）

—

波姆是将教堂设计转变为简化的罗马式风格的领军人物，他设计的教堂通常包括大且平整的砖墙和深开口。他的规划有利于社区参加弥撒。在某些案例中，他将教堂设计成中央有一个祭坛的圆形，某种程度上预见了梵蒂冈第二次大公会议的改革。圣嘉民教堂是一座修道院教堂，其夸张的全高屏风墙划分了中殿与唱诗班席，教堂中还有一个有着细长窗户的后殿。

圣体教堂，亚琛，德国，1929—1930 年

—

鲁道夫·施瓦茨（1897—1961 年）

—

尽管受到密斯·凡·德·罗的仰慕，但施瓦茨是包豪斯的严厉批评者。他赞同波姆以社区为基础的礼仪思想，并将他的教堂建筑抽象为最基本的元素，以加强结构、光线和空间的质感，比如这座位于亚琛的大白盒子。施瓦茨作为设计师和理论家的成就经历了几十年的相对沉寂，现在，他的思想被视作建筑史上一个重要的流派。

火葬场教堂，布尔诺，1925—1930 年

—

阿尔诺斯特·维斯纳（1890—1971 年）

—

布尔诺是摩拉维亚地区的主要城市，其中
包含了两次世界大战期间现代建筑的典范。
维斯纳是一个过渡性人物，他在最著名
的作品中平衡了纪念性过往（塔庙、哥特
式尖顶）和现代性，尤其是在充满来自隐
藏光源的光线的纯白色的内部。维斯纳在
1939 年移居英国。战后他曾短暂地回到
布尔诺，但于 1948 年永久定居英国，在
利物浦大学教授建筑学。

新村庄地铁站，莫斯科，1952 年

—

阿列克谢·杜什金（1904—1977 年）

—

在伦敦的技术支持下，莫斯科地铁建设始于 20 世纪 30 年代初期。苏维埃宫殿项目竞赛的作品也许为这位乌克兰建筑师赢得了莫斯科的青睐，"七姐妹"摩天大楼中的一座也是他的设计。新村庄地铁站位于地下 40 米，杜什金希望在此进行背光彩色玻璃的实验，这些玻璃由帕韦尔·科林设计，制作于拉脱维亚。到了 1952 年，这一工程在西方似乎已经过时了。

斯图加特火车总站，1910 年竞赛，1914—1928 年建造

—

保罗·伯纳茨（1877—1956 年）和弗里德里希·欧根·肖勒（1874—1949 年）

—

在承认火车站的非历史性的同时，伯纳茨以创新的非对称布局呼应了许多传统形式，他去掉了最初的古典细节，整体采用粗琢石建造。一位评论家称其为"德国乃至全世界第一个不糟糕的火车站"，但另一位评论家将其与斯德哥尔摩市政厅比较，认为它是"近期建造的最危险的［建筑］之一"。

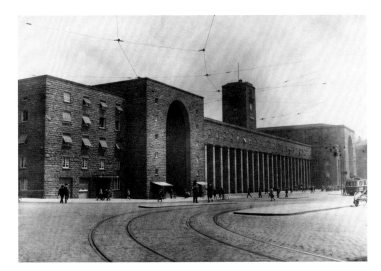

亚诺斯高夫站，伦敦，1932 年

—

查尔斯·霍尔登（1875—1960 年）

—

在 20 世纪 20 年代设计了伦敦南部的地铁站后，霍尔登与他的赞助人弗兰克·皮克一同去考察了欧洲建筑，以在皮卡迪利地铁线上进行新的工程项目。这些车站在有着低矮建筑的郊区里担任着公民纪念碑的角色，体现出逐步提升的高效服务的理想。霍尔登在 1914 年之前是一名自由创作的古典建筑师，他的经验使这些建筑具有精致、优雅和令人难忘的特质。

INA 大楼，EUR 区，罗马，
1938—1952 年

—

乔瓦尼·穆齐奥（1893—1982 年）、马里
奥·帕尼科尼（1904—1973 年）和朱利
奥·佩迪科尼（1906—1999 年）

—

EUR 区是罗马的文化和商业区，最初为
1942 年的罗马世界博览会而设立，这一
博览会为纪念法西斯政权建立 20 周年而
举办，后因战争而取消。穆齐奥因矫饰主
义风格的建筑，在 20 世纪 20 年代的米兰
建立了名声，但他在战后成了一个同样具
有个人主义的现代主义者。这座位于 EUR
区的大楼有着宽阔的体量，在保留古典精
髓的同时消除了细节。

**每日新闻大楼，东 42 街 220 号，纽约，
1929—1930 年**

—

约翰·米德·豪厄尔斯（1868—1959 年）
和雷蒙德·胡德（1881—1934 年）

—

豪厄尔斯和胡德在 1922 年以哥特式设计
赢得了芝加哥论坛报大厦的竞赛，但伊利
尔·沙里宁和阿道夫·路斯的参赛作品影
响了豪厄尔斯后来的大型抽象风格。委托
方对这栋建筑的想法十分简单（"我只想
要一台附带一点办公空间的印刷厂"），然
而这座气势恢宏的平整立面塔楼有着符合
分区法的缩进设计，还实现了场地的最大
租赁价值，勒内·尚贝朗创作的立面雕刻
更是增加了它的宣传价值。

马尔蒂尼摩天大楼（皮亚琴蒂尼塔），
但丁广场，热那亚，1935—1940 年
—
马尔切洛·皮亚琴蒂尼（1881—1960 年）
和安杰洛·因韦尔尼奇（1884—1958 年）
—
作为一名古典主义学者，皮亚琴蒂尼的职业生涯在 1914 年之前就已开始，但在 20世纪 20 年代后期，他受到了美国摩天大楼巨大形式的影响。他采用了更简单的理性主义风格，并分别在贝加莫和布雷西亚建造了城市中心的办公大楼。作为一名相对保守的现代主义者，皮亚琴蒂尼获得了墨索里尼的欣赏，在罗马大学和 EUR 区的规划中发挥了重要作用。他在热那亚建设的这座大楼（图中右侧）为典型的金字塔结构加上了当时流行的条纹。

54

RCA 大楼（现康卡斯特大楼），洛克菲勒中心，西 48 街至西 51 街，第五大道和第六大道之间，纽约，1933 年

———

雷蒙德·胡德（1881—1934 年）和华莱士·K.哈里森（1895—1981 年）

———

统一的市民建筑是 20 世纪中叶基于历史的理想，代表了现代文化的效率和约翰·D.洛克菲勒在美国艰难的大萧条时期开始的发展，这对于一个私人方案来说可谓是雄心壮志。大楼的两部分之间是公共空间，连接着地铁线并饰有艺术作品，其中包括保罗·曼希普的金质《普罗米修斯》，以及大厅中弗兰克·布朗温和何塞·玛丽亚·塞特创作的壁画。

55

坚固性与场景设计

**勒阿弗尔重建计划，诺曼底，法国，
1945—1964 年**

—

奥古斯特·佩雷（1874—1954 年）

—

同盟国的轰炸将这个大西洋港口夷为平地。佩雷组织了一批年轻的学生进行重建工作，在他去世后，这些学生延续了他的理性的栅格风格，令人联想到法国古典主义和刻意为之的陈腐风格。这位年迈的建筑师亲自设计了市政厅和圣约瑟教堂（1951—1956 年），并为圣约瑟教堂建造了一座巨大的八角形灯笼式塔楼，反映了佩雷思想中哥特和古典风格的结合。

船公寓，艾根哈德住宅，储蓄区，阿姆斯特丹，1917—1920 年

—

米歇尔·德·克勒克（1884—1923 年）
和皮特·克拉默（1881—1961 年）

—

20 世纪初，阿姆斯特丹已经出现了严重的人口拥挤现象。因此，德·克勒克提出了雄心勃勃的新住宅项目，希望将住宅个性化和人性化。他是阿姆斯特丹学派的领导人，该学派源自皮埃尔·克伊珀斯的荷兰哥特学派，体现出荷兰在印度尼西亚的殖民活动的影响，比如连着艾根哈德住宅（意为"自己的炉灶"）的三角形"船"部分的砖砌尖顶。

58

克兰布鲁克艺术学院，布卢姆菲尔德山庄，密歇根州，1926—1942 年

—

伊利尔·沙里宁（1873—1950 年）

—

1922 年，沙里宁在芝加哥论坛报大厦的竞赛中获得第二名，不久之后便受底特律报刊出版商乔治·G.布斯的委托，规划了一所工艺美术学院的建筑和教学课程。校园在思想上是浪漫主义的，但在形式上是古典主义的，与周围的自然环境融为一体，并摆放着来自瑞典的卡尔·米勒斯（也是学院的教师）的雕塑作品。沙里宁与家人一起从芬兰搬来此处以监督这个项目，他的小儿子埃罗·沙里宁后来成为战后美国极为重要的建筑师。

坚固性与场景设计

3

—

新的现实

—

1914—
1932 年

第一次世界大战后，新的建筑精神随着"新建筑"应运而生，它们均以新的客观性为指导。这个阶段被称作"现代建筑的英雄主义时期"，它具有理想主义、自我牺牲、材料缺乏和缺少外部肯定等特点。很少有这样一套相对连贯的原则和形式在国际上如此迅速地传播，并通过小型杂志、展览和个人际遇联系在一起。

这个时期的建筑多有着刷白漆的平整表面，完全为几何形状且棱角清晰，大块的窗户与素色的墙面互相衬托，看起来具有惊人的相似性。到了 1932 年，这类建筑的特征已十分明显，整体被称为"国际风格"。但自相矛盾的是，风格正是它们试图避免的东西，因为它们的方法如同它们在随后的分裂和危险时期的命运一样，可谓截然不同。

是什么让这些作品区别于早期那些试图创造新风格的尝试？可以说，现代主义视觉艺术的美学关注点互无交叉，从而产生了全新的反古典主义的构造。物理学前沿的转移可能使未来主义和立体主义对时间和空间的关系有了新的理解。在新建立的苏联，政治也发挥着作用，对新的社会秩序的憧憬伴随着一种全新的建筑概念，这种概念不仅要考虑建筑的外观，还要考虑到它对不同社会关系的作用。

随后的几十年也证明，在早期的集体努力中，一些极具创造力的个人有着截然不同的目标。勒·柯布西耶后来成为"作为艺术家的建筑师"的典范，他总能展现出新花样，在经过观察后，这些花样又包含了许多先例和意义。与此同时，密斯·凡·德·罗则始终遵循一条以美学为指导的道路，在这条道路上，德国所理解的古典传统是其基本母题。

"功能性"（functional）和"理性"（rational）这两个词基本可以等同，但它们在设计中各自代表独立分支。功能性建筑就像一副盔甲，用于满足特定"程式"的要求；理性主义建筑则提供了一系列基于常规重复形式的非特定空间。

一些最令人难忘的建筑反映了适应新的社会理念的新类型，比如苏联带有公共厨房、洗衣房、托儿所和工人俱乐部的公寓楼，或是意大利林格托的菲亚特汽车厂的屋顶车道。恩斯特·梅在法兰克福重新构想了英国的花园城市，并消除了历史的修饰；从美国的加利福尼亚州到新建立的捷克斯洛伐克，以及其他地区的新建筑也因保证健康的责任联系在一起。这个新世界的人们可能希望永不老去，所以这些建筑在建造时很少着眼于未来。有些早早地消亡了，少数留存下来的则像老爷车一样被呵护着以防止衰败，同时恢复它们落成时那些启发灵感的品质。

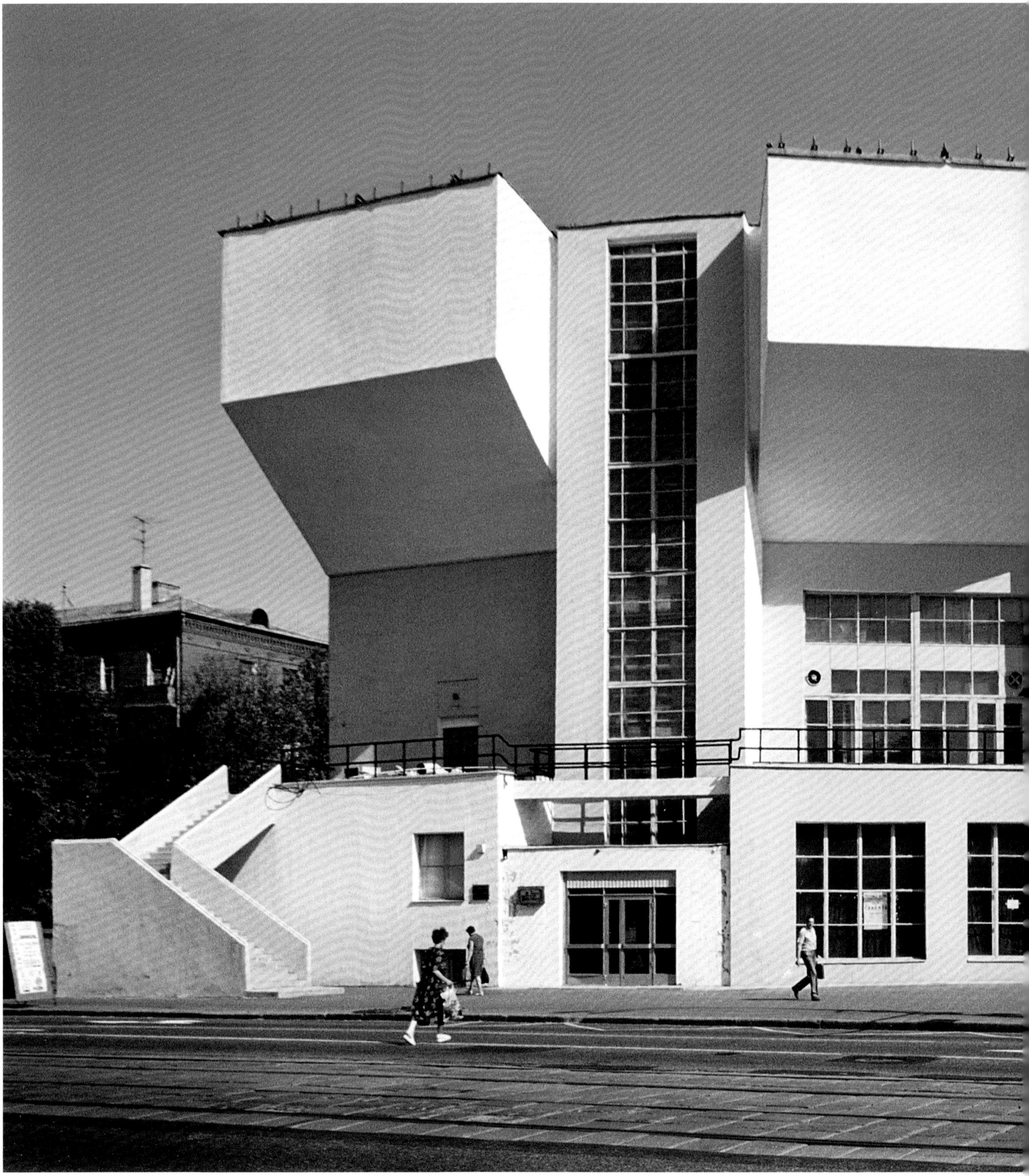

鲁萨科夫工人俱乐部，斯特罗明卡街 6 号，莫斯科，1927—1928 年

—

康斯坦丁·梅利尼科夫（1890—1974 年）

—

为了应对工人的酗酒问题，苏联的俱乐部长期以来都有提供健康食物和饮料的传统，还有图书馆、报纸、电影院和讲座等服务。鲁萨科夫俱乐部就是如此，悬在高处的礼堂座席区探出临街面，空白的墙壁可用于放置装饰字。梅利尼科夫与伊利亚·戈洛索夫（见第 65 页）都在莫斯科高等艺术暨技术学院任教，但并没有与更教条的构成主义团体为伍。

纳康芬公共房屋，诺文斯基大道 25 号，莫斯科，1928—1932 年

—

莫伊谢伊·金茨堡（1892—1946 年）和伊格纳季·米利尼斯（1899—1974 年）

—

金茨堡的项目用于安置财政人民委员部（简称"纳康芬"）的工作人员，旨在建立一个"社会聚合器"，鼓励无分租的单身公寓以及公共的餐饮、运动、洗衣和托儿设施。这座公共房屋每三层就会有一个位于长走廊上的错层公寓，这种设计而后被人争相模仿。这座建筑现在已经破败不堪，面临着重建的威胁。

64

**疗养院，马泽斯塔，索契，
1926—1935 年**

—

A.施特修斯（1873—1949 年）

位于黑海沿岸的马泽斯塔的泥泉为罗马人所熟知，并受到斯大林的青睐。这座疗养院的设计使用了一种流行的现代主义构建方法，即相互交错的体块，尤其体现在阳台中间的楼梯塔处。这幅画的作者未知，出版于古斯塔夫·阿道夫·普拉茨的《最新时代的架构》第二版中，该书收录了大量案例。

**莫斯托格百货大楼，克拉斯纳亚-普雷斯尼亚广场 2/48 号，莫斯科，
1927—1928 年**

—

亚历山大·维斯宁（1883—1959 年）、维克多·维斯宁（1882—1950 年）和列昂尼德·维斯宁（1880—1933 年）

—

维斯宁兄弟在俄罗斯帝国时期开启了他们的职业生涯，赶上了革命后对新建筑思考的狂热。他们设计的莫斯托格百货大楼体现出现有类型下的新建筑对新材料的适应，即混凝土的结构与大面积玻璃的结合。在早期设计稿中，这种组合遍布整个立面，入口上方还有一系列起伏的凸窗。这座建筑现在归贝纳通公司所有。

祖耶夫工人俱乐部，莱斯纳亚街 18 号，莫斯科，1927—1929 年

—

伊利亚·戈洛索夫（1883—1945 年）

—

戈洛索夫使用交错的体块创造了一个引人注目的边角结构，这种结构十分有名，在不久后被朱塞佩·泰拉尼用于科莫的一座公寓楼的设计中。玻璃构成的筒状结构内是楼梯，经由此处可以进入内部仍在使用的剧院。

日光疗养院，洛斯德雷赫特林地，
希尔弗瑟姆，荷兰，1926—1931 年
—
约翰内斯（扬）·杜伊克（1890—1935 年）
—

位于鹿特丹的范内勒工厂（见第 68 页）体现出理性主义建筑的常见空间，而希尔弗瑟姆附近的日光疗养院则表现出功能主义，其中所有部分都是为特定需求量身打造的。这座疗养院有着阳光明媚且干净卫生的环境，其建设目的是帮助患有职业性呼吸道疾病和结核病的钻石开采工人康复。疗养院保持了最大的透明度，不过每个房间都有一个私人的有太阳照射的露台。这座建筑在战后便不再使用并遭到弃置，后来在政府的大力支持下由韦塞尔·德容精心修复。

范内勒工厂，鹿特丹，1925—1931 年

—

**约翰内斯·布林克曼（1902—1949 年）和
伦德特·范德弗卢赫特（1894—1936 年）**

—

著名的范内勒公司从事茶叶、咖啡和烟草
的包装和销售。这座工厂位于鹿特丹城市
边缘，致力于创建一个理想的工厂，受美
国高效观念的启发以提升工人的生活。布
林克曼是一名工程师，范德弗卢赫特则是
一名建筑师。混凝土框架因为蘑菇柱的
运用而不再需要天花梁，玻璃以标准化的
结构从地板延伸到天花板，圆形屋顶餐厅
和行政楼的玻璃则互有区分。1988 年后，
这座建筑被精心修复，并成为"范内勒设
计工厂"。

赫尔曼和斯坦伯格帽子工厂，卢肯瓦尔德，德国，1921—1923 年

—

埃里克·门德尔松（1887—1953 年）

—

1919 年在柏林举办的画展开启了门德尔松的职业生涯，他首先设计了著名的波茨坦爱因斯坦塔，然后为两家决定合并的帽子制造商设计了这座工厂。门德尔松设计了三座使用混凝土桁架和砖墙的高大车间。高耸的屋顶作为自然的通风口可以排出有毒烟雾。帽子制造于 1933 年停止，工厂后续的生产活动也在 20 世纪 90 年代停止，留下了这座空无一人且存在安全隐患的建筑。尽管现在其结构已修复，但仍不能够获得有效益的商业应用。

包豪斯学校，德绍，1925—1926 年

—

瓦尔特·格罗皮乌斯（1883—1969 年）和阿道夫·迈耶（1881—1929 年）

—

这所著名的设计学校于 1919 年在魏玛成立，但搬去了更具支持力的德绍，使其创始人格罗皮乌斯能够按照办学宗旨专门建造校舍，并永久固定其形象。俯瞰时整体呈风车式的校舍横跨一条公共道路，全玻璃幕墙的工坊区域十分醒目，学生宿舍楼位于图中右侧。学校规模适中，内部装饰着生动的色彩。附近的"大师住宅"已经被修复，包豪斯学校作为文化遗产也重新发挥了它本身希望达成的功能性。

**克夫霍克住宅区，鹿特丹，
1925—1930 年**

———

雅各布斯·约翰内斯·彼得·奥德（1890—
1963 年）

———

奥德开发了一个原本有房屋的 1.5 公顷的
地块，他设计了带有极简且独立的露台的
房屋，每间房屋都有一个花园，这是荷兰
公寓住宅的创新之举。独立的露台意味着
没有封闭的后院，被认为会影响居住者的
身心健康。在内部，弯曲的楼梯有利于节
省空间，与 CIAM 的现代主义成员推崇的
"将最小空间最大化利用"相符。住宅的
外部通体呈白色，上面点缀了一些鲜艳的
原色。

**马蹄铁社区，布里茨区，柏林，
1925—1933 年**

———

布鲁诺·陶特（1880—1938 年）、城市建筑
师马丁·瓦格纳（1885—1957 年）和景观
设计师莱贝雷希特·米格（1881—1935 年）

———

为了缓解柏林的住房拥挤现象，瓦格纳协助
建立了住房储蓄和建筑合作社（GEHAG），
这是一个住房组织，它按照陶特等人的设
计贷款建造了许多样板住宅。这些样板住
宅基于英国花园城市的原则，混合了公寓
和住宅的样式，还有可供耕种和娱乐的花
园。马蹄铁社区是布里茨区的发展中心，
中间有一个公园。现在这些区域受联合国
教科文组织保护，其门窗又恢复了陶特原
本所使用的原色。其中一栋住宅中留有最
初的陈设家具，可供度假者租赁。

公寓楼，白院聚落，斯图加特，1927 年

—

路德维希·密斯·凡·德·罗（1886—1969 年）

—

1925 年，密斯·凡·德·罗的声誉超越了他的实际建筑作品。德意志制造联盟请他为 1927 年的参展房屋进行总体规划，这是现代主义早期在公共教育领域最著名的集体项目。密斯·凡·德·罗设计的几乎无曲折变化的长条形建筑形成了此处的背景板。尽管墙面被白色粉刷得很光滑，它的钢制框架却打开了内部空间，提供了灵活性。他宣称："在这里，我们这个时代最基本的隐匿特征显露无遗。"

罗马城住宅区，法兰克福，1927—1928 年

—

恩斯特·梅（1886—1970 年）

—

恩斯特·梅的作品具有类似陶特在柏林的作品（见对页）的职能，不过这组位于法兰克福的建筑进一步扩展到受人推崇的家装、花园规划和玛格丽特·舒特-利霍茨基著名的标准化高效厨房。"罗马城"是恩斯特·梅和他的同事们设计的 16 个住宅项目中最富浪漫主义的一个，城墙式的露台俯瞰尼达河谷，后面是一排长长的双层楼房，并有大量的树木和配套花园。

73

新的现实

萨伏伊别墅，维利耶街 82 号，普瓦西，法国，1929—1931 年

——

勒·柯布西耶（1887—1965 年）和皮埃尔·让纳雷（1896—1967 年）

——

这座别墅又被称为"明媚的时光"，勒·柯布西耶认为这是一处田园牧歌式的静居所，它的起居层在高处，可以从山顶眺望远处的景色，其模糊的内外空间令人愉悦。它与经典的别墅一样具有紧凑性，体现了勒·柯布西耶在 1927 年匆匆为斯图加特定下的"新建筑五点"，但他在后期基本抛弃了这些观念。萨伏伊别墅一度破败，于 1964 年得到重修，现在这座别墅每年都有着络绎不绝的学生和游客。

斯坦-德·蒙齐别墅，维克多·普歇教授街 17 号，沃克雷松 / 加尔什，法国，1926—1928 年

——

勒·柯布西耶（1887—1965 年）和皮埃尔·让纳雷（1896—1967 年）

——

法国建设部部长的前妻和她热爱艺术的美国朋友迈克尔与沙拉·斯坦共同拥有这栋位于郊区的别墅，它为作为现代主义者的勒·柯布西耶提供了第一次建造大规模建筑的机会。由柱子和楼板组成的底层结构网格支撑着错综复杂的内部空间，重塑了住宅的概念，并发展出一种展开的电影式空间体验。从立方体中切割出来的露台如今仍然是一个被广泛模仿的元素。

E-1027 住宅，罗克布吕讷-卡普马丹，滨海阿尔卑斯，法国，1926—1929 年

—

艾林·格雷（1878—1976 年）和让·巴多维奇（1893—1956 年）

—

格雷是巴黎先锋派的英裔爱尔兰家具设计师，她和她的爱人——建筑师兼杂志编辑巴多维奇——一起设计了这座带有大客厅的 L 型海滨别墅。他们写道："室内设计不应该是立面的偶然结果，它必须以自己完整、和谐、合乎逻辑的样式存在。"一些格雷设计的家具是专门为这栋别墅制作的，她的成就在她人生的最后十年间被重新发现，随后这些家具便作为"经典产品"得到了重制。

玻璃之家，圣纪尧姆街 13 号，巴黎，1928—1931 年

—

皮埃尔·夏洛（1883—1950 年）和伯纳德·贝弗特（1889—1979 年）

—

这栋房屋隐藏在塞纳河左岸的一个院子里，由妇科医生让·达尔萨斯及其妻子委托，里面的一切都被重新设计以适应新的生活方式。一楼用于医疗活动，宽大的楼梯（顶部装有铰链，可根据需要升起）通向客厅，各个房间环绕在客厅周围。楼房外部用玻璃覆盖，因此内部是开放的，但充满了神秘和新奇的小物件。它的意义在当时并没有被充分理解，不过到了 20 世纪 60 年代，人们重新发现了它，并对它极力推崇。

图根哈特别墅，布尔诺，1928—1930 年

—

路德维希·密斯·凡·德·罗（1886—1969 年）和莉莉·赖希（1885—1947 年）

—

这座密斯·凡·德·罗职业生涯中期的杰作由一名有教养的实业家委托，它位于山顶之上，可以俯瞰摩拉维亚首府布尔诺。别墅的入口位于上层，参观者在游览结束时，将会在一个可以通过机动装置降入地板的窗子处看到城市的全景。镀铬层覆盖了大型开放式房间的支撑柱，并将其去物质化；半圆形的贴面屏风用于分隔餐桌区域和其他精心布置和划分的区域。密斯·凡·德·罗的合伙人兼伴侣莉莉·赖希在室内家具和纺织品元素的设计中发挥了重要作用。

多尔德塔尔公寓，苏黎世，1935—1936 年

—

阿尔弗雷德·罗斯（1903—1998 年）、埃米尔·罗斯（1893—1980 年）和马塞尔·布劳耶（1902—1981 年）

—

阿尔弗雷德和埃米尔这两位堂兄弟一起在苏黎世执业，并有着不同的现代主义背景。历史学家和评论家希格弗莱德·吉迪恩委托他们设计他的别墅花园的下半部分。吉迪恩咨询了当时正在流亡的包豪斯的知名校友布劳耶，他建议对已批准的原方案进行修改。楼中相同的公寓具有非正式的结构，表明了 1935 年左右现代主义的浪漫化转折。

施明克住宅，勒鲍，萨克森州，
1932—1933 年

—

汉斯·夏隆（1893—1972 年）

—

施明克住宅紧挨着委托人开设的面条工厂，
呈现了夏隆的另一种方法。这座住宅从场
地和简洁中寻求刺激，以增加建筑结构的
复杂性和不规则性。夏隆是德国短暂的表
现主义时期的代表人物，他将两种排列方
式结合在一起，使外部的楼梯和阳台与规
则的箱形互为对应。在下方的餐厅中可以
看到有树木遮蔽的室外景色，上方还有一
个为卧室增加的阳台。

**林格托菲亚特工厂，都灵，
1915—1926 年**

—

贾科莫·马特·特鲁科（1869—1934 年）

—

古斯塔夫·普拉茨在 1930 年写道："在意
大利，钢筋混凝土很早就诞生了，到目前
为止，它在工业建筑中得到了最恰当的应
用。"他将林格托工厂作为他"优雅建筑"
的案例。工程师马特·特鲁科将毕生精力
奉献给了菲亚特汽车公司，他设计了工厂
屋顶上的测试车道，使之得以安置在这个
房屋密集的地点。这一设计是以速度表达
的未来主义现代性愿景的永恒形象。

新圣母玛利亚火车站，佛罗伦萨，
1932—1935 年

—

乔瓦尼·米凯卢奇（1891—1990 年）和托
斯卡纳小组（1931 年成立）

—

对于这一敏感地点的设计，注重官方性和
保守性设计的批评家提出了"尽可能减少
可见的形状"的要求，米凯卢奇和他的学
生团队以横向的低矮石墙和流线型的层叠
玻璃赢得了竞赛。车站仍在使用，并保留
了实用的细节，代表了传统和先锋之间的
中间道路，是一个插入历史性城镇景观中
的建筑的案例。

法西斯之家，科莫，1932—1936 年

—

朱塞佩·泰拉尼（1904—1943 年）

—

泰拉尼设计的这座法西斯党市政总部呈规则的几何形状，体现了理性主义的原则，这是意大利对现代主义运动的独特贡献。墨索里尼曾将法西斯主义描述为一个没有任何隐蔽性的"玻璃房子"。泰拉尼增添了一个探出的混凝土网格以遮阳，从而使党派支持者可以站在那里面向广场上的人群。泰拉尼在建筑内部的中庭和玻璃幕墙后的办公室中也延续了这种理念。后来，墨索里尼转而反对这种建筑的纯粹性，他更喜欢具有纪念性的建筑。

音乐厅，赫尔辛堡，瑞典，
1926—1932 年

—

斯文·马克柳斯（1889—1972 年）

—

就像他的朋友阿尔托在维堡设计的图书馆
（见第 84 页）一样，马克柳斯的音乐厅也
是作为一个水边场地的两个连续的古典竞
赛项目开始的。马克柳斯是 1931 年的现
代主义宣言《接受》的签署者之一，在这
个项目中，他可以在施工开始后改变风格。
低矮的入口侧翼两边有类似驼篮的衣帽间，
穿过入口便可到达木质墙体的音乐厅，其
下方还有一个餐厅。

82

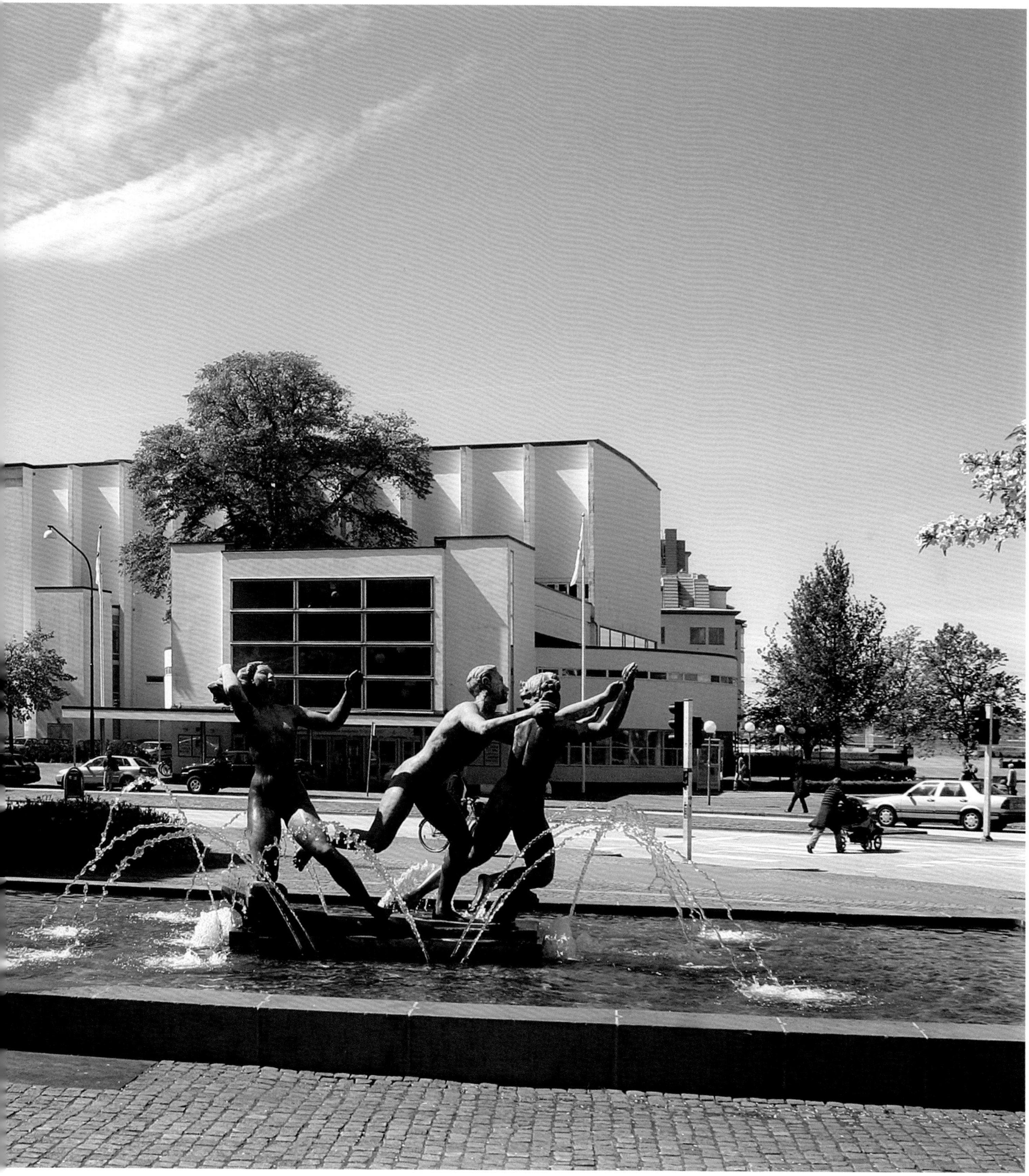

维堡图书馆，原芬兰，现俄罗斯，1927—1935 年

—

阿尔瓦·阿尔托（1898—1976 年）

—

阿尔托在 1927 年的竞赛中的作品风格是古典的，但到了 1933 年委托落实时，他已经将他的空间转化为一种新的、更灵活的设计语言。这座图书馆的建筑主体包含阅览室和书架，由混凝土屋顶板上的圆形开口提供照明，楼梯自二层向上通往高处的空间。这处空间旁边有一间大教室，其中著名的波浪形层压木质天花板与阿尔托的胶合板家具形状相似。

罗维尔别墅，邓迪路 4616 号，洛杉矶，1927—1929 年

—

理查德·诺伊特拉（1892—1970 年）

—

在跟随阿道夫·路斯学习并与门德尔松合作后，诺伊特拉于 1923 年移居美国，与他的维也纳同乡鲁道夫·辛德勒一起在洛杉矶工作，当时辛德勒已经为理疗家和媒体明星罗维尔医生建造了房子。在这里的适宜气候中，现代主义和健康之间的纽带被重新连接。在诺伊特拉简洁的设计中，休憩阳台取代了卧室，游泳池成了社交中心。钢架使建筑结构得以悬空。这座房屋完工时，前来参观的人数达到了令人震惊的 1.5 万。

4

—

现代主义的
失落之地

—

1929—
1950 年

横跨塞纳河的捷克馆具有轻巧的结构，由钢、玻璃和玻璃砖搭建而成，与日本、芬兰的展馆一同以其当代感使参观者印象深刻，表明了这种主动性是如何由当时西方文化的核心向边缘转移的。它的干式施工法是高技派运动的先驱。

第一次世界大战后，欧洲版图产生了巨大的变化，新的独立政体相继建立，包括爱尔兰、捷克斯洛伐克、罗马尼亚、匈牙利、波兰和南斯拉夫，以及从俄国独立出来的波罗的海三国。自 19 世纪 90 年代以来，建筑一直是一种通过浪漫主义的地区风格来表达民族身份的手段。1920 年后，现代主义更是为这些国家提供了追赶（甚至超过）欧洲其他地区的机会，特别是在捷克斯洛伐克，布拉格和布尔诺成为现代主义发展的重心，活跃的杂志和宣言都在挑战着巴黎的同类建筑。

革新的政权倾向于促进现代主义的发展，比如在西班牙短暂的共和时期，加泰罗尼亚当代建筑进步艺术家和技术人员团体（GATCPAC）在巴塞罗那蓬勃发展，但西班牙内战迅速终结了共和时期。在土耳其，阿塔图尔克政权刻意抹去其文化记忆，将自己打造为彻底的欧洲国家。在 1945 年后的社会主义阵营，斯大林的影响打破了 20 世纪 30 年代的建筑的连续性，正如 1932 年后的苏联，只有一些衰败的混凝土别墅、工厂和疗养院证明了那一时期的短暂自由。尽管官方更喜爱纪念性建筑，但许多现代主义的机会都存在于殖民地的发展之中。在厄立特里亚的阿斯马拉，菲亚特塔列罗服务站就十分与众不同。

在非西方国家，一些建筑先驱者们也用现代主义取代了欧洲学院风格，但在使用空间时又会参考悠久的本土文化传统。日本的现代主义遗产相对知名，而中国的广大疆域还有待发掘。

东欧在 1989—1990 年脱离社会主义阵营后，学者之间的接触增多和档案的开放产生了更多的跨文化交流，两次世界大战之间的现代主义图景也发生了变化。此外，一个新的保护和研究组织——"国际现代建筑文献组织"（Docomomo）于 1988 年在荷兰成立，它鼓励成立全国性的组织对现代建筑（尤其是 1939 年以前的）进行清点，并记录这些当时西方鲜少知晓的建筑的现状。而在以色列或希腊等没有产生激烈分歧的国家，很难解释其为何对早期现代主义缺乏了解或好奇，只能以世界范围内的相对小众的兴趣社群以及有限的出版物为依据。从各方面来看，这些国家都是等待重新发掘的失落之地。

如果将这些新的历史与旧出版物和早期几代移民的报告并置，我们很快就会发现现代运动的历史整体强烈地偏向西欧。即使是最初对这一庞大建筑群体的介绍和讨论，也多用大多数学者无法理解的语言写就。直到近几年在新的研究和出版物的支持下，这种偏见才得到部分纠正，人们才得以清楚认识到两次世界大战之间的建筑比以前认为的更加迷人且复杂。

养老金总局，温斯顿·丘吉尔广场，布拉格，1929—1934 年

—

约瑟夫·哈夫利切克（1899—1961 年）
和卡雷尔·洪齐克（1900—1966 年）

—

养老金总局位于城市边缘的高地上，是一座十分规范的建筑，大楼四臂交叉的样式使办公区和低层的商铺获得了最充足的采光，外表面铺有淡黄色的瓷砖。哈夫利切克是 CIAM 的活跃成员，他的兴趣点在于纯几何图形和模块化系统。

88 **布达厄尔希机场，布达佩斯，1937 年**

—

维吉尔·博尔比罗（1893—1956 年）和
拉兹洛·克拉利克（生于 1879 年，卒年
不详）

—

在成为 CIAM 的匈牙利代表之前，博尔比罗曾学习工程学，以古典主义者的身份开启职业生涯。布达厄尔希机场于 1931 年开始构思，但由于经济大萧条而被推迟建设。在同时期，圆形航站楼的形式也被霍尔、马洛和洛维特建筑事务所用于盖特威克机场的第一个航站楼之中（显然是独立的设计）。布达厄尔希机场对后来的国际航班来说规模过小，但目前仍用于休闲飞行。

**拉纳酒店海滩馆，派尔努，爱沙尼亚，
1938—1939 年**

—

奥列夫·辛玛（1881—1948 年）

—

辛玛是派尔努的城市建筑师，他在这里设
计了一座酒店，于 1937 年完工，被称为
"派尔努功能风格"。酒店不远处的这座海
滩馆结构简单，圆形混凝土平台从一端的
单一支撑下伸出，与阿尔内·雅各布森
在卡拉姆堡（哥本哈根附近的海滨度假胜
地）设计的著名加油站类似。派尔努时至
今日仍是一处受欢迎的避暑胜地，海滩馆
在 20 世纪 90 年代得到了修复。

**房屋集合体，圣安德鲁，巴塞罗那，
1932—1936 年**

—

**GATCPAC 全部成员：何塞普·路易斯·塞
特（1902—1983 年）、何塞普·托雷斯·
克拉韦（1906—1939 年）和胡安·巴蒂
斯塔·苏维拉那（1904—1978 年）**

—

GATCPAC 是加泰罗尼亚地区的一个现代主
义者群体，与西班牙的 GATEPAC 互为对
照。GATCPAC 建立于西班牙共和国时期，
他们最著名的建筑项目"房屋集合体"得
到了一个在贫困地区提供便宜且高质量住
房的工人住房组织的支持，建筑的一层还
设有公共设施。立面的房间为复式布局，
带有优雅的弧形楼梯，其中一间已被修复
并作为样板间展示。西班牙内战爆发时，
这栋建筑尚未完工，GATCPAC 的项目也在
佛朗哥的统治下受到审查。

马赫纳奇疗养院，特伦钦温泉镇，斯洛伐克，1930—1932 年

—

雅罗米尔·克赖察尔（1895—1950 年）

—

克赖察尔与卡雷尔·泰格一起在 1922 年的宣言中宣布了构成主义，但他仍在坚持建筑的艺术本质。这座在竞赛中获胜的疗养院将一个居住板块与公共设施所在的低矮的翼部连接起来，这种类型被认为与左翼集体住宅相似。疗养院的入口位于二者交叉处，有一条坡道。每个患者的房间都配备一个有栏杆的小阳台，可以俯瞰主楼另一侧的公园。

90 "绿蛙"温泉中心，特伦钦温泉镇，斯洛伐克，1935—1936 年

—

博胡斯拉夫·福赫斯（1895—1972 年）

—

福赫斯在 1936 年描述这个项目时写道："温泉浴场坐落在一片天然森林中，里面有咖啡厅、酒窖、露天游泳池、露台、保龄球室、运动场和日光浴区，还有一个附带专属游泳池的儿童体育场。这一切都以一种非常自然的方式建造，从而使建筑和周围的环境达到和谐。"虽然该建筑群计划进行修复，但在本书写作时，它仍处于废弃状态①。

———————

① 现已恢复运营。——本书脚注均为编者注

I SOL·OG
VANN PÅ
INGIERSTRAND

英吉尔滩浴场，斯瓦特斯科格，奥珀高，挪威，1934 年

—

奥勒·林德·希斯塔德（1891—1979 年）和艾文德·莫斯图（1893—1977 年）

—

英吉尔滩的户外浴场是奥斯陆东部的一个私人开发项目，提供蒸汽渡轮服务。它以开放性和倾斜的风格成功捕捉到了 20 世纪 30 年代的氛围，浴场内有一座设于松树和桦树间的餐厅、一个类似派尔努的酒店（见第 89 页）的舞台，还有一座格外高的跳台用于跳水。跳水于 1912 年首次被列为奥运会的男女比赛项目，在当时还是一种相对新鲜的风尚。

Etorie - Hotel Belona

贝洛纳酒店，都铎·弗拉基米雷斯库
大道，北埃福列，罗马尼亚，
1932—1934 年

—

乔治·马泰·坎塔库济诺（1899—1960 年）

—

埃福列最初是一个内陆的健康疗养地，专
门进行泥疗，但在 20 世纪 20 年代，这些
疗养所扩展至黑海岸边，并由埃福列另外
两家酒店和众多别墅的设计师乔治·坎塔
库济诺主持建造。坎塔库济诺曾就读于巴
黎美术学院，希望在历史风格和现代主
义之间寻求一种思想性的折中。贝洛纳酒
店最初是为一个战后退伍军人慈善机构而
建，但很快就被改造成酒店。虽然经过改
建，但与坎塔库济诺在埃福列的许多其他
建筑不同，它被保留了下来。

蓝色建筑（安东诺普洛斯公寓楼），埃克萨凯亚广场，雅典，1932—1933 年

—

基里亚科斯·帕尼奥塔科斯（1902—1982 年）

—

这座位于市中心的大型建筑受到了艺术界租客的青睐。它细致地配备了家具，并非同寻常地安装了凸窗。屋顶平台上的大型公共房间在建成后的艰难岁月里将居民们联结在一起。这座楼房的外观最初涂有明亮的群青色与赭石色，这是与画家斯皮罗斯·帕帕卢科斯合作的成果。勒·柯布西耶在 1933 年的 CIAM 会议期间参观了该建筑，并表示了赞赏。

低成本公寓楼，施尼尔霍瓦，布拉格，1937 年

—

尤金·罗森伯格（1907—1990 年）

—

批评家伊曼纽尔·赫鲁斯卡写道："从美学的角度来看，罗森伯格的房子为布拉格现代建筑注入了许多新的内容。它们在完全接受整体构思的同时，也非常注重技术和形式细节的完美。这些公寓楼代表了对我们现在的建筑业的巨大贡献和新的刺激。"身为犹太人的罗森伯格于 1938 年流亡到英国，并在约克-罗森伯格-马达尔建筑公司获得了战后的事业成功。

葡萄牙国家铸币楼，1934—1938 年

—

豪尔赫·德·阿尔梅达·塞古拉多（1898—1990 年）和安东尼奥·瓦莱拉（1903—1962 年）

—

虽然与 20 世纪 30 年代中期欧洲其他国家的建筑相比，铸币楼的风格稍显谨慎，但它却标志着葡萄牙的重大发展。它占据了一个完整的城市街区，拥有一个中央庭院花园。夹角处的入口很有仪式感，但朴素砖墙上的浮雕描绘的是工人而非国家形象。其中一个次要入口的标志使用了立体无衬线字体，体现出里斯本生动的现代主义字体传统。

学校，德加尼亚基布兹，以色列，1928—1930 年

—

理查德·考夫曼（1887—1958 年）

—

在慕尼黑跟随西奥多·费舍尔学习后，在英国委任托管巴勒斯坦时期，考夫曼于 1920 年被经济学家和社会学家亚瑟·鲁平召到巴勒斯坦，负责建造以基布兹[①]形式存在的农村定居点。考夫曼摒弃了曾经大受欢迎的本土风格，在现代主义成为这个新生国家的主流风格的过程中影响深远。德加尼亚学校的窗户上方有通风槽，外伸的屋顶提供了荫凉。学校还包括一个室外教室兼凉台。

① 希伯来语"团体"的意思，是以色列的一种集体社区。

芙罗瑞亚的阿塔图尔克住宅，伊斯坦布尔，1935 年

—

塞伊菲·阿坎（1903—1966 年）

—

阿坎在德国师从汉斯·珀尔齐希，于1933 年回到土耳其，成为时任总统穆斯塔法·凯末尔·阿塔图尔克的私人建筑师，也是土耳其现代主义的主要推动者。阿塔图尔克的海滨别墅就在民众的视线范围内，他会向民众挥手，与他们一起游泳或划船以维护他的民主主张。1993 年，这座房子作为博物馆开放。

菲亚特塔列罗服务站，阿斯马拉，厄立特里亚

—

朱塞佩·佩塔齐（1907—2001 年）

—

厄立特里亚于 1890 年成为意大利殖民地。在随后的 50 年间，厄立特里亚的基础设施得到了改善，阿斯马拉这座高原城市被重建为首都。佩塔齐建造的服务站是在 20世纪 30 年代的一系列建筑中最为壮观的一座，这些建筑由侨居意大利的建筑师设计，在战后几年的冲突中得以幸存，被公认为是略带装饰派艺术风格的现代主义的"时间胶囊"。

**肯伍德别墅，基马蒂街，内罗毕，
肯尼亚，1937 年**

——

恩斯特·梅（1886—1970 年）

——

梅的旅程代表了现代主义者寻找在世界上
更为偏远的地区工作的方式——他首先
于 1930 年去了俄罗斯，但工程未能实现；
在纳粹主义兴起后，他去了坦桑尼亚的一
个农场；后来又于 1937 年搬到邻近的肯
尼亚，并与英国同伴一起寻找工作机会，
肯伍德别墅就是这一时期的产物。它是一
座集居住和办公功能于一体的建筑，以其
起伏的墙面与向外探出的遮阳屋檐相呼
应，十分引人注目。它还有一座由玻璃砖
制成的雅致的螺旋楼梯。1953 年，梅回
到德国，并在汉堡工作。

原中国银行虹口分行，上海，1933 年

—

陆谦受（1904—1991 年）

—

陆谦受出生于中国香港，在加入一家开设于香港的英国建筑工程公司后，他前往伦敦的建筑联盟学院学习。他在毕业时被当时访问伦敦的中国银行的工作人员选中，成为中国主要城市中一系列中国银行建筑的设计师。这家位于上海北部的中国银行分行建在一块狭长的场地之上。

若狭邸，东京，1939 年

—

堀口舍己（1895—1984 年）

—

日本建筑对现代主义美学具有重要贡献，然而在日本，西方折中主义在两次世界大战之间占据了主导地位。1923 年，堀口舍己在欧洲旅行时结识了门德尔松、格罗皮乌斯、霍夫曼和奥德，他回到日本后专攻茶室设计，旨在将日本的民族传统与欧洲的新思潮（尤其是荷兰农村住宅设计和抗震混凝土结构的使用）相结合。

100

女生宿舍，北京，1935 年

—

梁思成（1901—1972 年）**和林徽因**（1904—1955 年）

—

梁思成和林徽因这两位建筑师是一对夫妻，林徽因是中国第一位女建筑师，同时也是一位著名的诗人，她曾游历伦敦并在美国留学，回到中国后与毕业于宾夕法尼亚大学的丈夫一起在东北大学创立了建筑系。1931 年日军入侵中国东北后，他们成为驻北京的中国建筑史研究者，为北京大学设计了多座建筑，这座标志着中国社会和中国建筑发展的女生宿舍便是其中之一。

美琪大戏院楼梯，上海，1941 年

—

范文照（1893—1979 年）

—

和许多同时代的中国建筑师一样，范文照
曾就读于宾夕法尼亚大学，师从保罗·克
雷。在美琪大戏院的设计中，他一改以往
对古典风格的坚持，打造了一个流线型的
平整简洁的门厅。

斯坦希尔酒店，皇后大道 34 号，墨尔本，1942—1950 年

弗雷德里克·龙贝格（1913—1992 年）

龙贝格出生于中国，父母是德国人。他曾在苏黎世联邦理工学院学习，并加入了当地的奥托·萨尔维斯贝格事务所。1938年，他移居澳大利亚，在墨尔本开始执业；1953 年，他与两位当地建筑师罗伊·格朗兹和罗宾·博伊德结成著名的合作伙伴关系。斯坦希尔酒店的设计得益于龙贝格在混凝土结构方面受到的全面训练，将当时欧洲最时兴的设计带到了澳大利亚。

斯特恩之家，下霍顿，约翰内斯堡，1935 年

马丁森、法斯勒和库克建筑事务所：雷克斯·马丁森（1905—1942 年）、约翰·法斯勒（1910—1971 年）和伯纳德·斯坦利·库克（1911—2011 年）

雷克斯·马丁森在远离欧洲的传统主义群体中接受了建筑训练，但他几乎以一己之力成功地创造了南非的先锋建筑。在马丁森、法斯勒和库克的短暂合作中产生了两座建筑：彼得豪斯公寓和斯特恩之家。这两座建筑都位于约翰内斯堡，且都建于1935 年。斯特恩之家显然以勒·柯布西耶的作品为蓝本。勒·柯布西耶也认可马丁森的才华，在马丁森短暂的一生中，这些才华通过他的教学、写作以及设计得到了体现。

卡恩宅邸，特雷里西克新月街 53 号，纳吉艾，惠灵顿，新西兰，1940—1941 年

—

恩斯特·普利施克（1903—1992 年）

—

普利施克来自维也纳，师从奥斯卡·斯特纳德和约瑟夫·弗兰克，并在美国师从埃利·雅克·卡恩和弗兰克·劳埃德·赖特，后来在奥地利建立了声誉。1939 年，他与身为园林设计师的妻子安娜移民新西兰。卡恩宅邸由一对移民夫妇委托建造，包含两间卧室和一个可用作私人影院的大起居室。它位于山顶上，由木材搭建而成，探出的屋顶下有一大片窗户。

萝丝·塞德勒宅邸，克利索德路 71 号，悉尼，1948—1950 年

—

哈里·塞德勒（1923—2006 年）

—

哈里·塞德勒于 1938 年德国吞并奥地利时期离开奥地利前往英国，他先是在温尼伯学习，然后到哈佛大学跟随马塞尔·布劳耶和瓦尔特·格罗皮乌斯学习。1948 年，他将欧洲和美国的影响带到了澳大利亚，并为父母建造了这栋房子，其风格让人想到当时布劳耶的透明飘浮的立方体、开放式布局和典型的粗琢石"质感"的壁炉墙。塞德勒在澳大利亚度过了一直延续到 20 世纪 80 年代的职业生涯的剩余时期。这座房子在 1988 年成为博物馆，并催生了澳大利亚对现代主义遗产的认可。

现代主义的失落之地

5

—

别的现代：
浪漫主义与
修正

—

1933—
1945 年

玛利亚别墅，诺尔马库，芬兰，1938—1939 年

—

阿尔瓦·阿尔托（1898—1976 年）

—

这类草图设计记录了建筑师在私人时间中的创意。凭借自由的线条，阿尔托对与景观相关的形式的思考以平面图的形式体现，图中描绘了位于房屋两侧的庭院，让人联想到芬兰的传统农庄。画中还有一处独立的画廊，但在实际建设中替换成了桑拿房。草图中的侧视图展现了弗兰克·劳埃德·赖特的流水别墅对阿尔托的影响——不过这一影响在最终的设计中被修改。向下延伸的曲线就像阿尔托设计的著名的萨伏伊花瓶。

两次世界大战之间的 20 年里，现代主义常常看起来像是一部慢动作电影。整体气氛在电影中间的某个地方发生了变化，前半部中的人物产生了不同的行为举止，同时新的演员登场并改变了剧情走向。目前还很难找到一个普遍性的说法去解释这种变化，与 20 世纪 20 年代更偏向机械主义的状况相比，它可以说是一种浪漫主义的转向。在这一过程中，早期常见的平滑的白色墙体和平坦的屋顶被更多样的材料取代，重新引入了纹理，且有时会让人联想到更加传统的形式。这也可能是实用主义的浮现——人们意识到"白色立方体"在一些气候条件下的维护成本极高，而平顶无法解决雨水的问题；或者说，人们希望在保留现代主义的空间与结构自由的基础上，以地方特点与景观重新建立联系，从而赢得公众的共情。对其他人来说，这种转变也许意味着对纯科学方法失去信心，以及对作为人类可变性和参与度的隐喻的有机体和生物体产生更深刻的理解。

弗兰克·劳埃德·赖特的思想体系归功于拉尔夫·沃尔多·爱默生以及自身对自然所拥有的终极力量的信念，他从未放弃对浪漫主义的追求，相反，他认为欧洲现代主义是他早期作品被侵蚀后的产物。在 20 世纪 20 年代相对淡出公众视线后，20 世纪 30 年代的流水别墅让赖特重新登上世界舞台。1930 年后，勒·柯布西耶已经让白立方式外观流行起来，赖特又因超现实主义和对农民朴素生活的欣赏，通过将粗糙的木材和碎石混合转向了材料和雕塑造型的融合。这种新的形式和材料方面的自由在许多下一代建筑师的作品中都有所体现。

这种浪漫主义的转折在北欧国家和瑞士得到了最大程度的体现，现代主义的历史在 20 世纪 30 年代这十年间于这些国家快速演进，从以阿尔瓦·阿尔托的帕米欧疗养院为代表的"国际现代风格"，到对隐喻芬兰的湖泊和森林的纹理的更大程度的使用。阿斯普伦德和他的同时代人在瑞典有着相同的转变，丹麦也在建筑和设计界成为最受欣赏的国家之一。虽然现代主义一直关注于室内和室外的沉思性的关系，但这种更广泛的材料选择与非正式的规划和以景观达成的对自然环境的更直接的反应有关。

批评家亨利-罗素·希区柯克于 1946 年写道，他不赞成淡化"大师们在其伟大的早期作品中针对结构、功能和造型所做的高度集中且大胆论证的陈述"，但他承认建筑已经因这种转变而民主化了。

巴塞尔大学宿舍，1937—1939 年

—

罗兰·罗恩（1905—1971 年）

—

美国摄影师乔治·基德·史密斯写道：
"这是一个人能遇到的最令人喜欢的校园
建筑之一。"这座建筑为三面式，中间是
一座庭院，其建筑师现在已鲜有人知。
现代主义的声浪和激情在 20 世纪 20 年
代结束后，人们可以更多地关注身处这
样一座不为效果所累的建筑中的体验，
享受它与自然的关系——这里的古树被保
留了下来。

装置图，金门展览，1939 年

—

约瑟夫·弗兰克（1885—1967 年）

作为一名参与现代主义运动的批评家，约瑟夫·弗兰克的意义越来越得到认可。他发展了维也纳学派对室内设计的关注，以自然简洁的方式创造亲密感和触感上的愉悦。装饰和图案被接纳，特别是在地毯、印花窗帘和被套上的部分。这些图案很多是弗兰克为瑞典天恩公司设计的，这家公司在 1933 年吸引他移民到瑞典，现在仍在运营。在 1939 年的纽约、金门世界博览会上，瑞典现代风格对美国公众产生了巨大影响。

别的现代：浪漫主义与修正

提契诺州图书馆，卡塔尼奥街，卢加诺，瑞士，1939—1941 年

—

里诺·塔米（1908—1994 年）和卡洛·塔米（1898—1993 年）

—

这座图书馆被称为提契诺现代主义的奠基建筑，反映了里诺·塔米的学习经历：他在意大利师从皮亚琴蒂尼，后求学于苏黎世。建筑平面图呈 L 形，入口及其前面的露台处可以看到卢加诺湖，两侧是储物栈翼，其窗子部分的混凝土网格具有理性主义的特点，与建筑中的其他设计形成鲜明对比。

市政厅水塔，科恩韦斯特海姆，德国，1933—1935 年

—

保罗·博纳茨（1877—1956 年）

—

科恩韦斯特海姆市政厅是一座混合建筑，它有一座斜屋顶的行政楼（当时刚到此处的纳粹政府对此十分满意）和一座塔楼，塔楼以混凝土框架内填充砖块建造而成，这一概念体现了现代主义。塔楼四面以10度角向内倾斜，混凝土在垂直方向上随着高度增加越来越轻薄。水塔的窗户一直延伸至高处，其顶部有着简洁的节段式砖砌拱，这种形式一直流行到20世纪60年代。

奥胡斯市政厅，丹麦，1937—1942 年

—

阿尔内·雅各布森（1902—1971 年）和埃里克·默勒（1909—2002 年）

—

现代主义和纪念性在 20 世纪 30 年代末以一种审慎的态度互相结合，比如这座丹麦的大学城的市政厅。市政厅最初因缺乏传统特点而遭受批评。雅各布森和默勒增建了这座让人想起意大利的独立塔楼，但它的外框架裸露出来，并以在战时艰难运输而来的挪威花岗岩包覆墙面。市政厅内部有一处静谧的中庭，受到了阿斯普伦德在哥德堡的作品（见第 110 页）的启发。

哥德堡法庭，瑞典，1934—1937 年

—

埃里克·贡纳尔·阿斯普伦德（1885—1940 年）

—

哥德堡法庭最初为一座三面式古典建筑，阿斯普伦德在此基础上将其扩建至庭院处，并创造了一个光线充足的中庭作为上层法庭的等待区。厅内的长楼梯有着缓和的梯段，让人们平静下来；透明电梯提供了另一种上楼的方式。木质镶板营造出自然的效果，法庭的房间也相对不那么严肃。英国建筑师奥利弗·希尔写道："这座建筑体现了（现代）风格成熟时充满刺激和活力的品质。"

林地火葬场，林地公墓，斯德哥尔摩，1935—1940 年

—

埃里克·贡纳尔·阿斯普伦德（1885—1940 年）

雕塑：约翰·伦德奎斯特（1882—1972 年）

—

在斯德哥尔摩公共图书馆（见第 44 页）和林地火葬场之中，阿斯普伦德走入了现代主义，接着又稍有折返。到访者登上一处平缓的小山坡时，就会看到天空映照下的门廊，以及一条通往门廊的小路。门廊的顶部向天空敞开，伦德奎斯特的人物群像雕塑体现了复活的观念。因此，古罗马房屋中的天井在全新的语境中回归，引导人们左转进入火葬场，它的石质地板向山下倾斜，并精致地装饰了特别设计的照明。

库努夫别墅，皇冠路 43 号，卑尔根，挪威，1936 年

—

弗雷德里克·库努夫·伦德（1889—1970 年）

—

在德累斯顿和美国学习后，伦德回到了自己的家乡挪威，并在此参与创立了浪漫主义的卑尔根学派。他在自己的别墅设计中发展出一种适合一家人的房产，最著名的就是库努夫别墅。这座别墅可以被视为20 世纪末或 21 世纪初的作品，它使用了当地的材料和建筑传统，仿佛从地面中生长而来，这与 20 世纪 30 年代的特征并不相同。

112

斯坦纳森别墅，屯根路 10C，奥斯陆，挪威，1937—1939 年

—

阿尔内·科尔斯莫（1900—1968 年）

—

1928 年，科尔斯莫脱离了他的传统训练，转向了现代主义，为一位金融家建造了这座成为挪威现代主义建筑范例的郊区别墅。科尔斯莫调整了柯布西耶的模型，创造出比原作更轻盈的效果，建筑上装饰着活泼的颜色（比如遮阳板的橙色），还有立面网格内混合使用的透明玻璃和玻璃砖。这座别墅由斯坦纳森先生赠送给挪威，挪威国家博物馆现将其用于教育，并向公众开放。

贝克公寓，麻省理工学院，剑桥，1945—
1949 年

—

阿尔瓦·阿尔托（1898—1976 年）

—

1945 年阿尔托开始在麻省理工学院进行
短期教学，并收到了来自建筑系主任威
廉·伍尔斯特的建造学生宿舍的委托。贝
克公寓俯瞰查尔斯河，旨在平衡私密性和
社交性。起伏的楼体让所有房间都具备良
好的采光和视野。最引人注目的是，这座
楼当时决定使用的砖块全部来自一家濒临
破产的公司，其中包括那些形状不对或烧
制过度的砖块，从而产生了与精密机械制
成的墙面相反的效果。

别的现代：浪漫主义与修正

玛利亚别墅，诺尔马库，芬兰，1938—
1939 年

—

阿尔瓦·阿尔托（1898—1976 年）

—

这座别墅以艺术收藏家和赞助人梅尔·古
利克森（本姓阿尔斯特伦）命名，她是阿
尔托的木制家具制造商阿泰克公司的创始
人之一。阿尔托还为阿泰克公司设计了
一座工厂和住宅。玛利亚别墅的外部看起来
像一堆松散零件的组合，但这些组合都经
过了精密的计算，室内空间在台阶和楼
梯之间流动，里面的植物让人想起身处
森林的体验。

复活礼拜堂，图尔库，芬兰，1938—1941 年

—

埃里克·布吕格曼（1891—1955 年）

—

如同许多同时代的艺术家，布吕格曼起初受到意大利乡土建筑的影响，后来于 20 世纪 20 年代末转向了现代主义，并与阿尔托合作了一些展览项目。这座礼拜堂矗立于林地之中，外表朴实无华，内部则是一个高大的曲面空间，采用传统技术粗略地涂抹了灰泥。教堂右边低矮的过道处有一整面玻璃墙。自然的元素通过东墙上的植物进入室内，这里曾计划以壁画装饰，但从未得以实施。

别的现代：浪漫主义与修正

德拉沃尔馆，滨海贝克斯希尔，东萨塞克斯郡，英格兰，1934—1935 年

—

埃里克·门德尔松（1887—1953 年）和
谢尔盖·切尔马耶夫（1900—1996 年）

—

1933 年，门德尔松以难民的身份来到英格兰，加入了俄国出生的切尔马耶夫的团队。他们设计的海滨休闲建筑赢得了竞赛，使人们体验到了现代空间和家具布置。建筑向外探出的凸窗和弯曲的楼梯是典型门德尔松风格，他在完成这座建筑后不久就去了巴勒斯坦，接着又前往美国。德拉沃尔馆现在仍然是一个音乐厅和艺术场馆，也可以仅仅是一个能坐在一把阿尔托椅子上看海的地方。

**芬斯伯里健康中心，佩恩街，伦敦，
1935—1938 年（海报创作于 1942 年）**

—

伯特霍尔德·吕贝特金（1901—1990 年）
和 Tecton 小组（成立于 1932 年）
艺术家：艾布拉姆·盖姆斯
（1914—1996 年）

—

吕贝特金移民自格鲁吉亚，他于 1932 年
来到英国并创立了 Tecton 小组后，成了
英国最令人激动的现代主义者。他设计的
芬斯伯里健康中心尽管在平面图上呈轴对
称式，但在社会、技术和美学层面上都具
有创造性。这座专门设计的正式公共建筑
体现出吕贝特金为现代主义增添多层参照
和复杂性的愿景。这张图片是一张第二次
世界大战时期的海报，在温斯顿·丘吉尔
对展示一个患有佝偻病的孩子提出反对
后，它便被撤下了。

**海法市立医院（现兰巴姆医疗中心），
以色列，1938 年**

—

埃里克·门德尔松（1887—1953 年）

—

门德尔松认为自己应致力于帮助建设一个
全新的犹太国家，并且收到了慷慨的委
托。在美丽的海滩上，他将建筑群不同部
分的空间围合起来，细致地保护着原有的
树木和植物花园，他写道，他正在"试图
结合普鲁士主义和宣礼师的生命循环。在
反自然与自然和谐之间"。门德尔松还运
用了被动式降温技术，但并不完全成功。

流水别墅，熊奔溪，匹兹堡，宾夕法尼亚州，1933—1937 年

—

弗兰克·劳埃德·赖特（1867—1959 年）

—

赖特至少影响了两代比他年轻的建筑师，首先是他在芝加哥的住宅，其次是他的"回归"之作流水别墅。流水别墅是他对欧洲的建筑倾向的回应（尽管他不愿意承认），同时开辟了新的可能性。正如建筑师保罗·鲁道夫所写："流水别墅是一个被实现的梦想，它触动了我们内心深处的东西，但我们终究无法言说。"

庄臣行政大楼，拉辛，威斯康星州

—

弗兰克·劳埃德·赖特（1867—1959 年）

—

赖特的创作活力在美国庄臣总部中延续着。这座建筑与他以前建造的建筑都不同，但如同布法罗的拉金大厦，庄臣行政大楼是一个与外部世界隔绝的工作环境。林立的混凝土柱子上是玻璃管材，整个建筑被光滑而弯曲的红砖所包裹。家具在颜色和风格上也与建筑相匹配，赖特还在行政楼的侧面增加了一座细长的实验室塔楼。

**加拿大街 714 号的阿恩斯坦住宅模型，圣
保罗，1939—1941 年**

—

伯纳德·鲁道夫斯基（1905—1988 年）

—

出生于维也纳的鲁道夫斯基先后在意大利
和巴西工作，接着定居于美国，并通过展
览建立了名声。在"没有建筑师的建筑"
展览（1964 年）中，他对乡土建筑的兴趣
达到了顶点。若奥·阿恩斯坦是来自的里
雅斯特的难民，喜爱带有"室外房间"的
单层庭院布局。一位评论家认为这类布局
"是在美洲能找到的可爱的居住地"。在
20 世纪 60 年代，庭院布局开始流行起来。

卡弗住宅，科茨维尔，宾夕法尼亚州，1941—1943 年

—

乔治·豪（1886—1955 年）、奥斯卡·斯托诺罗夫（1905—1970 年）和路易斯·康（1901—1974 年）

—

作为费城资深的现代主义者，乔治·豪与两位年轻建筑师合作，为科茨维尔的非裔美国工人建造战时紧急住房。这也是对不同的起居安排的试验，美式地下室的正常功能被提升到了一层，使人们可以从建筑下面穿过，从而消除了正面和背面的差别。上面的三居室公寓被集中起来，形成四个单元组合的平台，此地原有的赛马场的环形道路在周围营造出封闭感。

6
—
新世界
—
1945—
1970 年

这座地中海沿岸的度假公寓体现了战后的理念，即通过现代建筑的帮助和与自然融合的方式获得更多生活的基本乐趣。勒·柯布西耶在 20 世纪 20 年代接受了以机器为基础的建筑理念后，摆脱了战前这种对原始形式和粗糙表面的怀旧图像。这个未建成方案的剖面图中堆叠的、梯田式的设计对年轻一代建筑师造成了巨大的影响。

第二次世界大战将大部分建筑"在非常时期内"推进到像南美洲这样的相对偏远的地区，但随着战争的终结，欧洲对物质和社会重建的需求似乎提供了机会，其规模远超动荡的 30 年代。如果说 20 世纪 20 年代是现代主义蓬勃的青春期，那么 20 世纪 50 年代和 60 年代则是现代主义的成熟期。这对弗兰克·劳埃德·赖特、勒·柯布西耶和密斯·凡·德·罗等一代"大师"和"形式创造者"来说完全属实，他们的案例被建筑行业的其他人奉为圭臬。同样，我们仍然可以察觉到一种进化模式，它似乎验证了一种说法，即现代主义从先锋到主流的转变。出于国家和商业的目的，现代主义运动的原则如今超过了学院风格的遗存，仿佛在长期以来争夺主导地位的"战斗"中，现代主义已经取得了确定的胜利。

当然，实际情况更为复杂。现代主义从来就不是一套单一的原则，而且一些处于地理和风格边缘的分支、派别和人物在做着有趣的事情。如果说密斯·凡·德·罗在美国的晚期作品给世界提供了一种可以被轻易复制的标准方法和美学，那么勒·柯布西耶则用朗香教堂浪漫的曲线形式和对天主教堂等古老机构的热情，让他的追随者大为吃惊。事实上，随着城市的重建，信仰复苏和教堂也成为建筑表现中硕果累累的领域，这体现于西古德·莱韦伦茨晚期的作品中。

没有风格的"白板"（*tabula rasa*）会让人感到厌烦。意大利现代主义中，与 16 世纪矫饰主义古怪的形式语言的相似之处给人带来了多样性和趣味性，尤其是在历史背景下的建筑；而在法国，费尔南·普永为中等收入者住房设计的大型石框架表明，轻质重复结构（clip-on）的建筑并非唯一的经济选择。

画廊、音乐厅，甚至火车站和航站楼等其他类型的建筑则具有宗教建筑的气质，它们提供了一条筹划好的道路，使人对混凝土覆盖大面积空间及调节光线的能力感到惊奇。一种新的表现主义形式回归到建筑中，与 20 世纪 20 年代短暂的反理性主义时期形成对应，并重申了建筑在本质上的艺术性，即使对形式的阐释也是通过严格的功能主义术语产生的，比如詹姆斯·斯特林和詹姆斯·高恩设计的莱斯特大学工程系大楼。

一些更年轻一代的建筑师创建了从 CIAM 中分离出来的"十次小组"，他们受原生艺术运动启发，常常使用粗制混凝土，致力于表达一种粗粝的真实性。1952 年左右，"粗野主义"一词开始流行，用以形容当时的新趋势，除了美学层面外，这一趋势还体现出在现代社会中愈发疏离的城市里激发人类体验的强烈决心。

马赛公寓，米歇尔大道 280 号，马赛，1945—1952 年

—

勒·柯布西耶（1887—1965 年），建造者工作室（ATBAT）：安德烈·沃根斯基（1916—2004 年）和工程师弗拉基米尔·博迪安斯基（1894—1966 年）

—

勒·柯布西耶在 63 岁时收到了法国住房部的委托，建造了这座板式住宅（三座中的第一座）。这栋住宅内，楼梯中央的过道周围分布着有 337 个复式公寓，与纳康芬公共房屋（见第 64 页）的设计相似，这一设计使狭长的盒子内的双层房间成为可能。一条商业街穿插在住宅中部，屋顶上有一所幼儿园和一条跑道。混凝土框架保留了其粗糙的形态（即粗制混凝土，因而被称作粗野主义），但被涂上了鲜艳的三原色。建筑的比例则以柯布西耶提出的"模度"理论为基础。

高等法院，昌迪加尔，旁遮普邦，1953—1958 年

—

勒·柯布西耶（1887—1965 年）和皮埃尔·让纳雷（1896—1967 年）

—

印度独立后的第一任总统尼赫鲁为建设这座旁遮普邦的新首府提出了委托。勒·柯布西耶很晚才加入这一项目，他规划的布局包括一座政府议会建筑。如同马赛公寓，他在一个凹形的"阳伞"屋顶下加入了遮阳的箱形墙。

**朗香教堂，朗香，上索恩省，法国，
1950—1955 年**

—

勒·柯布西耶（1887—1965 年）

—

作为战后建筑从理性主义转向象征主义的标志，勒·柯布西耶设计的这座朗香教堂取代了一座在战争中遭到破坏的朝圣礼拜堂，这让柯布西耶的崇拜者感到讶异，但也反映了他年轻时对世界宗教和神秘信仰的兴趣。室内有对应的弧形墙壁，光线倾泻在色彩鲜艳的塔楼内部。室外的讲坛可以进行露天礼拜活动。

圣彼得教堂，克利潘，斯堪尼亚省，瑞典，1963—1966 年

—

西古德·莱韦伦茨（1885—1975 年）

—

和他的同代人阿斯普伦德一样，莱韦伦茨也从古典主义者转变为现代主义者，他以克利潘小镇上的教堂建筑群结束了他的职业生涯。这栋建筑主要使用了经过刻意粗糙处理的砖块，上面的图案是现场即兴创作而来。这是一种追求精神目标的建筑感性的回归。建筑内部是一个用砖砌成的昏暗洞窟，横梁为钢制结构。圣彼得教堂成了对一代建筑师最具影响力的设计之一，但在它建成时，这一代建筑师尚未出生。

西格拉姆大厦，公园大道 375 号，52 街和 53 街之间，纽约，1954—1958 年

—

路德维希·密斯·凡·德·罗（1886—1969 年）

室内设计：菲利普·约翰逊（1906—2005 年）

—

公司总裁塞缪尔·布朗夫曼听从了其具有建筑意识的女儿菲丽丝·兰伯特的劝说，选择密斯·凡·德·罗为设计师，并为这座 20 世纪 20 年代的摩天大楼项目提供了慷慨的支持。西格拉姆大厦是当时最具影响力的建筑之一，为之后的办公大楼和广场提供了标准模板，因此现在已经很难体会到它当初的独特性。这座大厦展现了密斯·凡·德·罗的原则："少到极致"和"少即是多"。

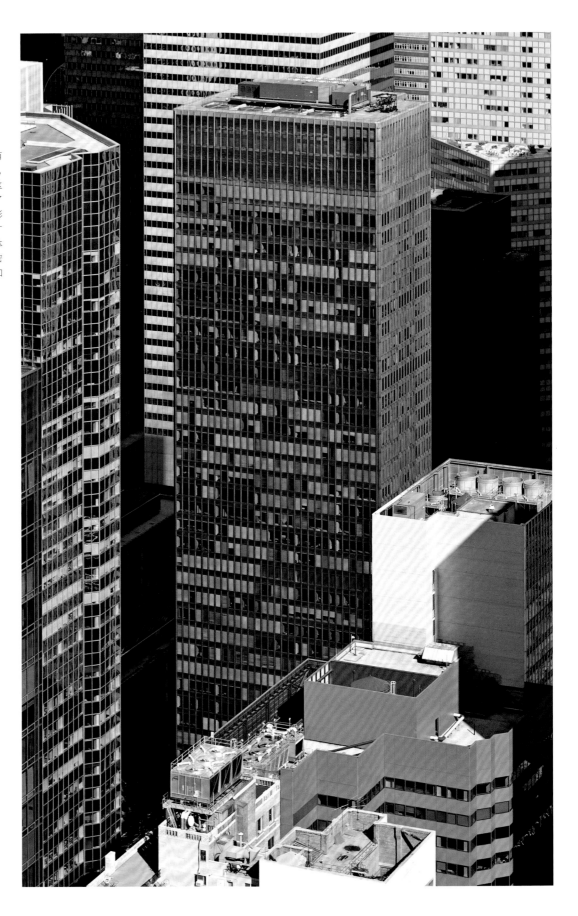

纽约古根海姆博物馆，第五大道，东 88 街和东 89 街之间，纽约，1943—1959 年
—
弗兰克·劳埃德·赖特（1867—1959 年）
—
德国女伯爵希拉·瑞贝激发了年迈的古根海姆对抽象艺术的热爱，她选择赖特来设计这座位于纽约的"神殿"：它既是一座由螺旋通道表达艺术进步的倒置的塔庙，也是一个社会空间。尽管博物馆在建设中稍有缩减，但赖特仍然成功地建造了第一个建筑名声高于馆藏的博物馆，它的内部"如同静止的波浪，永不停息，永不阻挡或终结视线"。

国会大厦，巴西利亚，1956—1960 年

—

奥斯卡·尼迈耶（1907—2012 年）

—

儒塞利诺·库比契克是尼迈耶在潘普利亚的赞助人，他于 1954 年成为巴西总统，并下令建设一个新的首都。新的首都以汽车旅行的概念为基础，由尼迈耶与卢西奥·科斯塔共同规划，其中包括了大型政府建筑。和昌迪加尔的项目（见第 127 页）一样，这些建筑单独伫立在那里，成为人们欣赏的对象。秘书处的双塔成了一个地标，其碟形区块标志着两个立法议会，它们的底部被抬高，仿佛悬停在一个平台上。与其他现代主义新城一样，巴西利亚被严厉地批评为不人性化的，但它仍然拥有忠实的居民。

阿西西的方济各教堂，潘普利亚，巴西，1943 年

—

奥斯卡·尼迈耶（1907—2012 年）

—

132

潘普利亚位于贝洛哈里桑塔城郊，所有的建筑都按照尼迈耶的设计围绕一座水库而建，包括一座赌场、舞厅和教堂，体现出 20 世纪中叶巴西的乐观主义的兴起。这些建筑都使用了曲线形式，与女性形态直接相关，同时也是殖民时期的巴洛克遗产的一部分。教堂的东墙用传统的蓝白瓷砖装饰，弯曲的屋顶使用了混凝土外壳。混凝土外壳是一项新发现，而屋顶的曲面增加了这一层薄壳的强度。

联合国教科文组织总部，丰特努瓦广场，巴黎，1953—1958 年

—

马塞尔·布劳耶（1902—1981 年）、皮埃尔·路易吉·内尔维（1891—1979 年）和伯纳德·泽尔弗斯（1911—1996 年）

继由多位建筑师共同设计的位于纽约的联合国大楼之后，位于巴黎的联合国文化部门大楼是一个更加简单的项目，它基本上是布劳耶的设计和内尔维的工程投入。布劳耶对曲线的喜爱可以追溯到 20 世纪 30 年代，在这里，他建造了一个 Y 形建筑以适应街道的布局。亨利·摩尔的雕塑与建筑平面的形状完美契合。建筑内部还装饰了毕加索、米罗等人的艺术作品，以及日裔美国雕塑家野口勇设计的庭院。

特米尼车站，罗马，1948—1950 年

—

蒙托里小组：欧金尼奥·蒙托里（1907—1982 年），维泰洛齐小组：安尼巴莱·维泰洛齐（1902—1990 年）

—

1940 年，蒙托里在索菲亚建造了这座火车站，并在 1947 年的竞赛中与维泰洛齐小组共同获得了一等奖。为了 1942 年在 EUR 区举办的世界博览会（后被取消，见第 52 页），这座原本建于 1874 年的火车站被拆除以提供新的到达点，其中的一部分不得不被合并，而新建的火车站正填补了这一空缺。和伦敦的皇家节日音乐厅一样，特米尼站也是团队合作的成果，在意大利再次进入英语世界的中心的时刻，它象征着工作中的民主性。正如作家和摄影师乔治·基德·史密斯所写："建筑、阳光和动态融合在一起，使之成为欧洲最好的车站入口。"

皇家节日音乐厅，南岸，伦敦，1948—1951 年

—

伦敦郡委员会、罗伯特·马修（1906—1975 年）、莱斯利·马丁（1908—2000 年）和彼得·莫罗（1911—1998 年）

—

1951 年夏天的不列颠节（照片背景中可以看到节日时的大部分临时建筑）是为伦敦建造一座新音乐厅的契机，长达 15 年的战时紧缩及战争余波中被压抑的思想在这一合作项目中迸发。音乐厅的概念由马修和马丁塑造，他们后来都成了前沿的管理者和教育家；莫罗则是一位移民，他曾是吕贝特金的助手，负责最初的立面设计，并以具有前所未有的开放性和近乎巴洛克式的空间活力精心设计了音乐厅的内部空间。

维拉斯加塔，米兰，1956—1958 年

—

BBPR 建筑事务所：吉安·路易吉·班菲（1910—1945 年）、洛多维科·巴尔比亚诺·迪·贝尔焦约索（1909—2004 年）、恩里科·佩雷苏蒂（1908—1976 年）和埃内斯托·内森·罗杰斯（1909—1969 年）

—

在意大利，与法西斯时期不同，历史的存在对战后建筑的影响并不是通过古典指涉，而是通过适应历史城市结构的愿景，并从周围的事物中丰富基于技术的现代主义的有限语言来实现。BBPR 建筑事务所是米兰的一家先锋公司，他们经常挑战现代主义运动的拥护者，但现在看来，他们已经走在了寻求加强地区特质的趋势前沿。远离主要街道的维拉斯加塔就是西格拉姆大厦的对立面。

**珊纳特赛罗市政厅，芬兰，
1949—1951 年**

—

阿尔瓦·阿尔托（1898—1976 年）

在这座偏僻的小型建筑中，阿尔托比大多数同时代建筑师都更进一步，他懂得如何使用单一材料（即红砖）来揭示建筑不同部分的特性，并规划出一座显示了深厚历史渊源的建筑。这种历史渊源尤其体现在通往被建筑包围的裙楼的台阶上。阿尔托的独创性体现在建筑的每一个细节中，似乎带有感性，但又以一种恰到好处的感觉避免了它。这个项目的方方面面都被阿尔托的追随者模仿，但从未被超越。

于托普住宅，瑞典，1945—1950 年

—

拉尔夫·厄斯金（1914—2005 年）

于托普是阿尔弗雷德·诺贝尔的炸药厂硝化甘油公司的所在地，第二次世界大战结束时，该公司委托拉尔夫·厄斯金建造了一个新的住宅区。厄斯金是一名出生于英国并在英国接受教育的和平主义者，战争爆发时，他身处瑞典，并决定留在这里。这处住宅区使用轻质混凝土建造，上面施以他标志性的鲜艳色彩，波浪形的屋顶也使用轻质混凝土制成。这些房屋曾因不符合瑞典传统而遭受批评。

**长途汽车总站，商店街，都柏林，
1944—1953 年**

—

迈克尔·斯科特（1905—1989 年）

—

当这座既是公交车站又是办公室的重要市民建筑在都柏林建造完成时，迈克尔·斯科特已经在爱尔兰建立了显赫的名声。斯科特早期曾从事舞台表演，并在 1922 年成为独立建筑师。斯科特在都柏林召集了一支才华横溢的团队，通过奥韦·阿勒普（在都柏林设立了办公室）建造的波浪形的混凝土顶篷，为这个发展相对缓慢的国家带来了令人愉悦的建筑。汽车总站中还有许多色彩斑斓的装饰，都契合了勒·柯布西耶提倡的"艺术的综合"（*la synthèse des arts*）的理念。

**卫城和菲力波普山区的景观，雅典，
1954—1957 年**

—

季米特里斯·皮吉奥尼斯（1887—1968 年）

—

作为捍卫区域特质的方式，景观建筑在战后的兴起避免了现代主义的千篇一律。建筑之间的"地面景观"效果成为一种富有趣味的主题。在其 20 世纪 20 年代设计的建筑中，皮吉奥尼斯试图重新诠释古代和拜占庭的主题，但人们对他印象最深的是这处景观设计。一位同时代的人写道："他在讨论有关我们的内容，但同时又以全世界的名义在讨论。"

巴赫街公寓，巴塞罗内塔，加泰罗尼亚，1958 年

—

何塞·安东尼奥·科德尔奇（1913—1984 年）

—

佛朗哥时期的西班牙经常被现代主义的历史所遗忘，但这座非凡的建筑除外，它的立面上带有遮阳板，后面是不同寻常的梯形房间，多数通向被遮掩的阳台。凹陷的基座和凸出的屋檐增添了传统的市民风貌。直到 1978 年，科德尔奇都在巴塞罗那工作，这一年他的波浪形墙体设计影响到了建筑学院。

阿西西的圣方济各教堂，保罗·焦维奥大道，米兰，1961—1964 年
—
吉奥·庞蒂（1891—1979 年）
—
作为《多莫斯》杂志的编辑、产品设计师和建筑师，庞蒂在战后的意大利独树一帜，脱离了主流知识界和政治界。在享受自己的形式创新的同时，他也十分关注建筑中的存在感。教堂的立面构成了这组戏剧性建筑的中心，两侧是另外两座相连的建筑，分隔墙重复着钻石窗户的形状（对应了庞蒂在米兰设计的著名的倍耐力大厦的平面形状），人们可以透过它看到天空——这是庞蒂具有代表性的建筑手法。

巴弗朗大楼，棕地住宅区，哈姆雷特塔区，伦敦，1965—1967 年

—

埃尔诺·戈德芬格（1902—1987 年）

—

戈德芬格和普永（见对页）都是佩雷的学生。在戈德芬格晚年，英国政府将塔楼视作一种廉价的住房形式，这时他获得了建造他在 20 世纪 30 年代想象的高楼住宅的机会。戈德芬格确信使用浇筑混凝土建成的这座大楼具有高质量。巴弗朗大楼位于一条连接隧道的道路旁，其车流方向主要向西。它是一组由低层建筑群组成的动态雕塑的一部分，其中的绿地空间被围合起来。在这个项目之后，戈德芬格在北肯辛顿建造了类似的特雷利克大楼。

马丹尼亚区，阿尔及尔，1954 年

—

费尔南·普永（1912—1986 年）

—

普永是法国建筑界颇具争议的人物——他
是一位多产的住宅建筑商，主要为巴黎周
边的中下层阶级建造房屋，也在他的家乡
马赛以及法国殖民统治的最后几年间的阿
尔及尔建造房屋。在拿到建筑文凭之前，
他已经有 18 年的实践经验，因而模糊了
建筑师和工程商之间的界限。此外，他还
因撰写中世纪的托罗内修道院的历史和自
己的回忆录（其中包括一次越狱）而闻
名。即使在建造廉价住房时，普永也使用
石结构，使他的作品具有传统的感觉。

约翰 · 汉考克大厦（现克拉伦登街 200 号），克拉伦登广场，波士顿，马萨诸塞州，1968—1976 年

—

亨利 · N. 科布（1926—2020 年）和贝聿铭（1917—2019 年）

—

贝聿铭出生于中国，曾在麻省理工学院学习，并在亨利 · 科布求学的哈佛大学任教。他们在 1955 年联手设计了代表战后现代主义主流的大型企业、政府和博物馆建筑。汉考克大厦整体以蓝色反光玻璃包裹，没有明显的窗槛墙，从而丰富了密斯风格的模型。大厦的平面规划呈平行四边形，短边立面有一条深陷的凹槽，因此大厦外观随视角的变化而变化。这种设计有着稳定性较弱和玻璃掉落的问题，引起了 20 世纪 70 年代末的反现代主义情绪。

伊利尔·沙里宁的儿子开发了现代主义的"有机"版本，在埃罗·沙里宁短暂的职业生涯中，曲线是一个反复出现但并无普适性的主题，它在这座 TWA 航站楼中达到了极致。曲线的形状隐喻着飞行，是非常有效的宣传，同时也在通道出现故障时提供有效的流通区间。正如马丁·鲍利所写："沙里宁似乎真的赶上了卫星、喷气式飞机、燃气涡轮汽车和整个技术时代的时代思潮。不幸的是，这种胜利——至少有一部分——是虚幻的。"

**悉尼歌剧院，便利朗角，悉尼港，
1957—1973 年**

—

约恩·伍重（1918—2008 年），奥雅纳公
司：奥韦·阿勒普（1895—1988 年）

—

这位年轻的丹麦建筑师的方案由埃罗·沙
里宁从淘汰的作品中挑选出来，在竞赛中
赢得了轰动性的胜利，并引发了极高的期
望，这些期望在政治压力导致的混乱采购
过程中考验着技术的极限。伍重的设计理
念是将球体分割后的几何形体用作一个较
大和较小的礼堂的屋顶。1966 年，一位
不关心文化艺术的总理迫使伍重放弃这个
项目，因此歌剧院内部并非伍重原本的设
计。直到 2004 年这一问题才达成和解。
伍重其他的作品则具有截然不同的特点。

柏林爱乐乐厅，1956—1963 年

—

汉斯·夏隆（1893—1972 年）

—

夏隆在德国幸存下来，并在战后获得了较为成功的创意事业，包括设计柏林爱乐音乐厅和靠近柏林墙的新柏林文化广场的图书馆。在柏林爱乐音乐厅的竞赛方案中，他将乐池置于凸面屋顶下的观众席的"藤蔓梯田"中间。指挥家赫伯特·冯·卡拉扬认为这一方案具有出色的声音效果，适合爱乐乐团的风格。观众席中设有许多通往座位的台阶和通道，在中场休息时视觉效果十分壮观，也为观众提供了便捷的路径指引。

拜内克古籍善本图书馆，耶鲁大学，纽黑文，康涅狄格州，1963 年

—

SOM 建筑设计事务所：戈登·邦沙夫特（1909—1990 年）

—

SOM 建筑设计事务所成立于 1936 年，通过完成军方的委托逐渐发展，并于 1952 年作为创意设计方，因纽约利华大厦的项目而崛起。他们不受匿名团体规则的约束，在纽约、芝加哥和旧金山工作。他们最著名的作品是商业项目，但在这座图书馆中，纽约分公司的戈登·邦沙夫特制订了一个创意性的方案，使书籍本身成为视觉主体，它们被安置于宽敞大厅中央的玻璃区块内，照明光源位于大理石板之下。图书馆外部的壳体仅靠四角处的墩柱支撑。

耶鲁大学美术馆，纽黑文，康涅狄格州，1951—1953 年

—

路易斯·康（1901—1974 年）

—

1950 年在罗马的研究考察经历改变了康的建筑设计。从此，他开始使用巨大而坚实的形式，并声称"没有所谓的现代，因为属于建筑的一切都存在于建筑中"。他所任教的耶鲁大学的美术馆为他探索的新方向揭开了序幕。这座建筑内厚约 91 厘米的楼板上分布着三角形的格子，筒形楼梯部分也重复着三角形主题。

路易斯安那现代艺术博物馆，旧海滩路 13 号，胡姆勒拜克，丹麦，1956—1958 年

—

威廉·沃勒特（1920—2007 年）和约根·博（1919—1999 年）

—

这座著名的博物馆由食品出口商克努兹·W. 延森创建，他的产业在战后生意兴隆，同时他也热衷于现代文化。1955 年，他在哥本哈根北部发现了这处地产，并选择当时鲜有人知的建筑师沃勒特进行设计。沃勒特在与约根·博合作的设计中加入了旧金山湾区风格中的激情，建造了一系列相连的单层楼阁，这些楼阁工艺精良，旨在充当艺术品和窗外花园的框架。

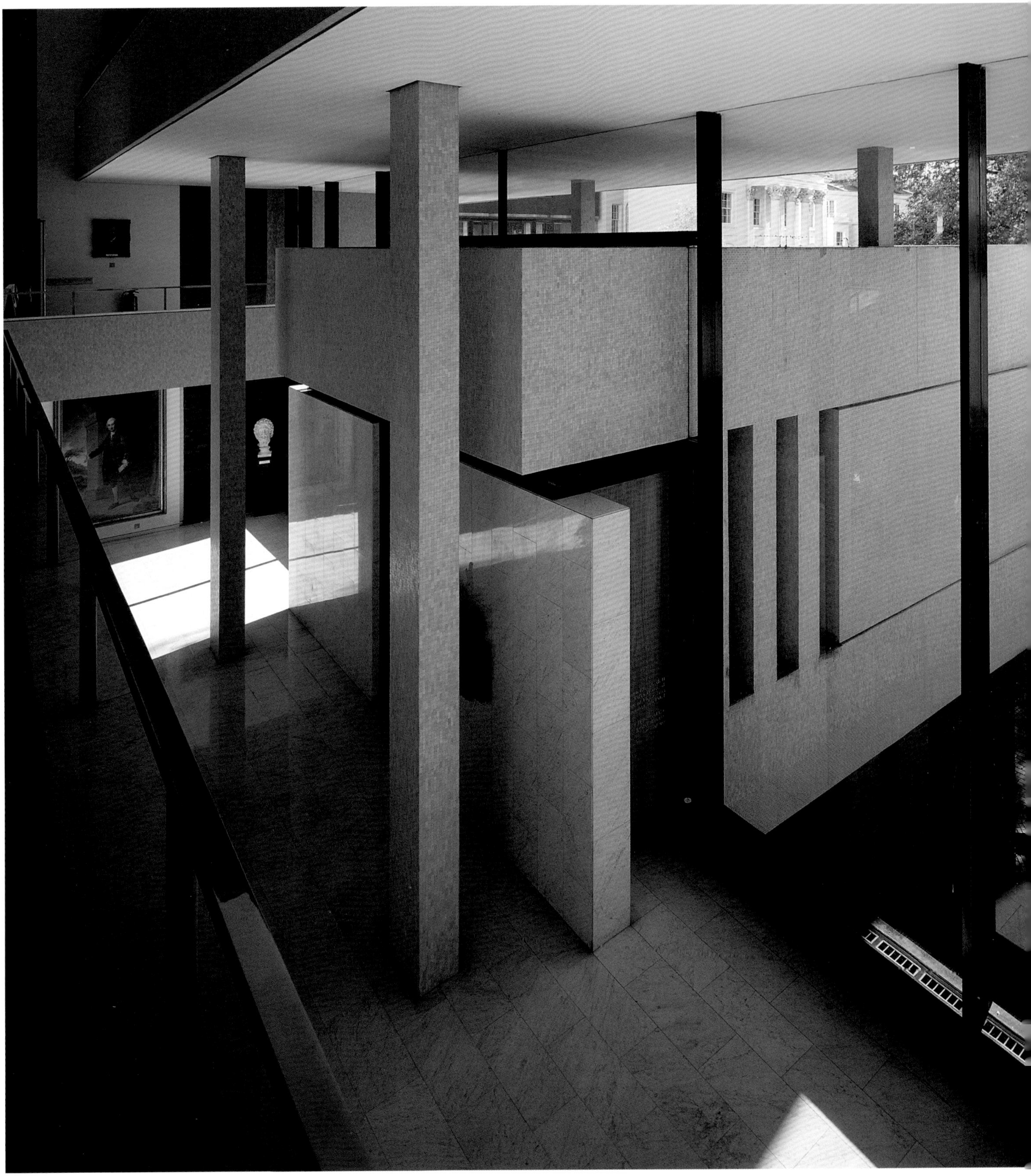

皇家内科医师学院，摄政公园，伦敦，1960—1964 年

—

丹尼斯·拉斯登（1914—2001 年）

—

和路易斯·康一样，拉斯登也认为，现代主义虽然扩大了建筑的范围，但建筑的表现力并没有发生根本性的改变。拉斯登为这个庄严的医疗机构设计的总部结合了功能和仪式的用途，通过两层楼高的中庭可以直接看到花园，这是一个戏剧性的空间之旅。互相交错的楼体和连续空间的理念在此得到了极佳的表现。封闭的"盒子"中包含了"审查室"（Censors Room）[①]，这是一处 17 世纪的内饰镶板的房间，镶板是从学院第一座建筑中搬移而来的。

———————————

[①] 最初用于皇家内科医师学院学生取得执照前的考核，现主要用于会议。

恋人喷泉，洛斯克鲁布斯，墨西哥，1966 年

—

路易斯·巴拉甘（1902—1988 年）

—

这位墨西哥建筑师的名声在他晚年时才得到发展，他将来自地中海花园和庭院的历史灵感与现代主义的抽象几何学和超现实主义的手法相结合，来到了一个开始厌倦机械图像并渴望更多梦幻建筑的世界。20世纪 50 年代和 60 年代明媚阳光下的彩色墙壁和水，为巴拉甘的作品提供了最令人回味的画面。

152　**艺术与建筑大楼，耶鲁大学，纽黑文，康涅狄格州，1958—1963 年**

—

保罗·鲁道夫（1918—1997 年）

—

战时在海军造船厂工作的鲁道夫对工程建设十分着迷。作为哈佛大学的学生，他反对格罗皮乌斯的"城市设计应该交给规划师"的理念。他认为"建筑界也许太关注外围事务，而对古老的概念理解太少，比如精细的比例、如何进入建筑、体量之间的关系、如何将建筑与地面和天空等联系起来"。鲁道夫设计的复杂且外表粗糙的艺术与建筑大楼是旁边的拜内克古籍善本图书馆（见第 146 页）的对立面。

太平洋科学中心，西雅图，1962 年

—

山崎实（1912—1986 年）

—

山崎实出生于西雅图，是一名日裔美国人，他从 1954 年的亚洲和欧洲的旅行中汲取灵感，将哥特式建筑和其他参考元素融入他的设计中，其中包括纽约世界贸易中心的双子塔和圣路易斯的普鲁伊特-艾戈住房项目（1972 年被拆除）。太平洋科学中心为西雅图世界博览会而建，表现出山崎实典型的紧密间隔的立面模式，体现出他并不关注打破现代主义良好品味规则。

乌尔比诺大学教育学院，意大利，1968—1976 年

—

吉卡洛·德·卡洛（1919—2005 年）

—

乌尔比诺位于意大利马尔凯大区，是一座未受破坏的山城。德·卡洛与这座城市的联系从 1955 年一直延续到 2001 年，他大部分时间都在乌尔比诺大学工作，一边建造新建筑，一边改造旧建筑。教育学院隶属于人文学院，被安插在一个旧修道院的墙壁之间。它的规划包含了室内街道，露台花园既清晰又随意地将教室和其他设施连在一起。

市立孤儿院，阿姆斯特丹，1955—1960 年

—

阿尔多·凡·艾克（1918—1999 年）

—

这可能是孤儿院这一建筑类型中唯一一著名的案例。凡·艾克是 CIAM 内部的一个激昂的反叛者，是年轻的与 CIAM 意见相左的"十次小组"的成员，他们希望赋予现代建筑更多的灵魂。这座"毯式建筑"是现代主义新运动的一部分，旨在消解建筑的纪念性。在客户弗朗斯·范梅尔斯的启发下，凡·艾克重构了一个机构的概念，利用重复的穹顶创造了一个流动的方案，其中具有沿着"街道"重复的房屋单元，以及吸引人的座位和驻足之处。

哈伦定居点，近伯尔尼，瑞士，1955—1961 年

—

五人工作室（成立于 1955 年）

—

大部分战后住宅追求高度和体量，而哈伦定居点则从勒·柯布西耶的罗克和罗布住宅方案（见第 124 页）中得到启发，在一个朝南的缓坡上建造了 81 栋梯田式的私人住宅。庭院花园提供了私密性，同时居住区内还包括了运动和休闲的公共设施。房屋的周边没有汽车通行。其他类似的例子也广受欢迎，特别是在英国，五人工作室在那里建造了有着相同理念的更小的版本——克罗伊登的圣伯纳德住宅。

公园山公寓，谢菲尔德，1958—1961 年

—

城市建筑师：J. 路易斯·沃默斯利（1910—1989 年）

杰克·林恩（1926—2013 年）和艾弗·史密斯（1926—2018 年）

—

从现代主义伊始，建筑师就希望让住房更有建筑上的说服力。林恩和史密斯厌倦了互不相干的板楼或塔楼，提议将复式住宅的各个部分连接起来，通过宽阔的"街道层"进入，并在山坡上形成连续的样貌，以取代贫民窟住宅。这个想法已经存在了一段时间，但取得了惊人的成就，它被认为是对旧有社区形态的有效替代。随着时间的推移，其最终结果并不理想，但在对建筑实施保护之后，公寓在 2009 年开始了全方位整修。

莱斯特大学工程系大楼，1959—1963 年

—

詹姆斯·斯特林（1926—1992 年）和詹姆斯·高恩（1923—2015 年）

—

这座大楼是一栋包含教室和办公室的塔楼，与低矮的工作坊相连。这个项目的简洁使斯特林和高恩创造了一座在世界范围内颇具意义的建筑，它充满了形式上的创新和乐趣，重现了 20 世纪 20 年代早期的活力。它是英国代际更替的一部分，有时被称为"新粗野主义"——斯特林和高恩坚决拒绝这种划分。

**《经济学人》大楼，圣詹姆斯街，伦敦，
1959—1964 年**

—

**艾莉森·史密森（1928—1993 年）和彼
得·史密森（1923—2003 年）**

—

部分由于客户希望建造一座顶层公寓，以
及解决由三条街道连接杂志社、一些公寓
和一家银行的剩余空间的分配问题，作为
新粗野主义和"十次小组"的核心成员，
史密森夫妇找到了"中间空间"思想的施
展空间，创造了一处高于周边街道的公共
广场和人行道捷径。安东尼奥尼 1966 年
的电影《放大》的开头部分正是在此处取
景。大楼的细部十分庄严地使用了波特兰
石和铝材。在这个早期项目获得成功之
后，这对夫妇的建筑事业进入了瓶颈期，
此后他们更多通过写作和教学来产生影响。

**国立代代木竞技场，东京，
1961—1964 年**

—

丹下健三（1913—2005 年）

—

丹下健三是战后日本的现代建筑界的代表
人物，并通过他的追随者影响了 1960 年
的新陈代谢派运动，该运动将城市想象成
一个不断变化的地方。丹下健三是 1964 年
东京奥运会的总建筑师，这座为奥运会建
造的竞技场以主脊悬索为基础，上面悬挂
着弯曲的混凝土屋顶。屋顶从中间分成镜
像对称的两部分，围成一个圆形的竞技场。

7

新工艺与
新形式

1920—
1975 年

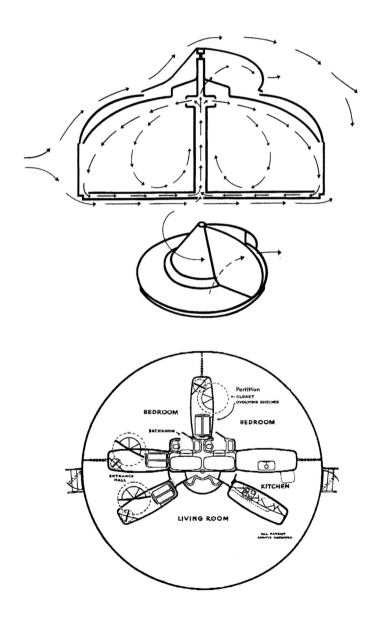

威奇托屋，1945—1946 年

——

理查德·巴克敏斯特·富勒（1895—1983 年）

——

巴克敏斯特·富勒是一位富有远见的发明家，他崇尚基于科学的对日常生活的改造。威奇托屋源自他 1930 年的能源利用最大化房屋项目，旨在利用战争结束时的飞机生产，创造一种廉价而高效的住房新形式。上图展现了房屋的气流原理，下图为标示了围绕中柱分布的储藏室和浴室"舱"的平面图。然而，富勒的完美主义耽误了生产，使他失去了主动权。

一个理性可控的、笛卡儿式的世界的机械梦想在现代主义之前已经出现，它的实现在工业革命早期的工厂中便初见端倪。现代建筑旨在通过学习新的材料、创造可能生成建筑物的合理的装配工艺来取代前现代世界的直观形式。从这些技术上的关注来看，一种适用于现代的全新建筑表达形式即将诞生。正如勒·柯布西耶所写，"技术是诗性的基础"。在实际情况中，诗性往往控制着技术，现代主义历史也包含一系列声名远扬但没有需求或无法实施的设计，这些设计是基于技术理念的幻想，同时与社会性和物质性的现实相悖。

本章内容从传统工艺的建筑转向基于专利申请、标准化部件以及建筑场地的时间和动态研究。为实现这种工业化房屋的梦想，瓦尔特·格罗皮乌斯进行了两次尝试，但最终都没有大量生产，与其 1916 年为英国军队设计的多功能拱顶尼森小屋情况相反。巴克敏斯特·富勒根据人体工程学研究，发明了取代标准式汽车、船只和房屋的设备。他的能源利用最大化房屋（1930 年）可以快速运输和组装，其中浴室是一处单独的舱体。尽管这些想法启发了后来的设计师，但只有他的网格穹顶被批量建造，有时它们还作为"替代"住宅出现，比如空降城。

第二次世界大战之后，物资短缺和对建筑的迫切需求激发了预制建筑的试验，其中包括法国金属工匠让·普鲁维的一些作品。与之相似，英国在 1945 年后传统材料和技术匮乏的情况下，设计了一套快速建造学校的系统并取得了成功。战争中所需的团队研究和建筑试验启发了合作式的精神。加利福尼亚的案例研究住宅也有着类似的概念，将开放式居住空间变得人人可及。但实际上，反而是现代建筑领域之外的作品在市场上取得了成功。

后来又出现了将重型建筑改造为系统化的装配式建筑，比如摩西·萨夫迪在 1967 年建成的蒙特利尔的生境馆中使用的预制混凝土舱，以及黑川纪章的中银胶囊塔，还有大多使用混凝土板的系统建造住宅，它们因经济实惠得到了政府的青睐。在设计具有优美的肋券样式的宽跨度混凝土屋顶时，皮埃尔·路易吉·内尔维等工程师担当了建筑师的角色，其他一些工程师（如奥韦·阿勒普）则与建筑师合作，寻求诸如"粗花呢网格"的新的规划形式，其中服务区与主要空间互相交织，并以外在形式表现出来。与之相对，弗雷·奥托则开创了通过拉力互相作用的轻质结构屋顶的先河。

模块化设计系统在具体项目中得以实现人性化，其中包括赫尔曼·赫茨伯格设计的以人为本的比希尔中心办公大楼，以及约翰·约翰森设计的哑剧剧院，它的三个舱体像登月舱一样连接在一起。

能源利用最大化房屋模型，1928 年
—
理查德·巴克敏斯特·富勒（1895—1983 年）

在非建筑的建设理念的悠久传统中，富勒采用了树的比喻，核心树干位于房屋的中心，轻质透明的绝缘酪素胶层压板材外墙以悬索拉起。他用于生产和更新的原材料是汽车。"能源利用最大化房屋"（Dymaxion）这个称谓来自芝加哥的马歇尔·菲尔德批发商店（此模型首次展出的地方）的一名促销经理，由"动态"（dynamic）、"最大化"（maximum）和"张力"（tension）组合而来。

162 **尼森小屋，随处可见，1916 年**
—
彼得·诺曼·尼森（1871—1930 年）
—
尼森是一名美国和加拿大的矿业工程师，他于 1914 年加入英国远征军，并于 1916 年发明了这种小屋。屋顶由波纹铁板制成，支撑在轻型 T 形支架上，房屋两端用木材构成墙面。这种设计使其可以集中运输且搭建方便。在 1914—1918 年的战争期间，这种房屋共建造了 10 万座，1939—1945 年又建造了许多。它们具有多种用途，尽管只有少数用于长期居住。尼森小屋的成功与富勒的预制房屋项目在商业上的失败形成了鲜明对比。

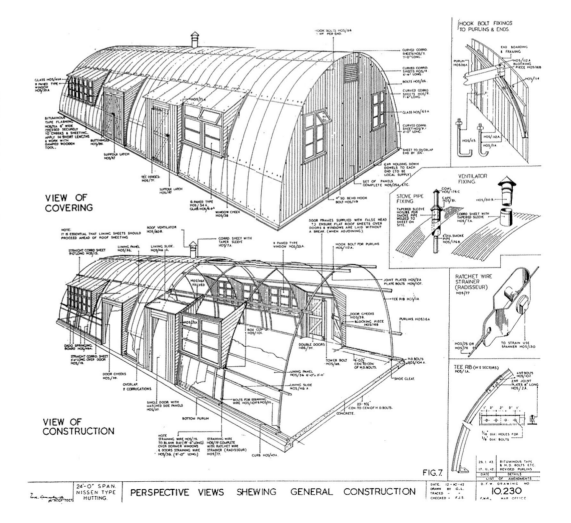

生物圈，蒙特利尔，1965—1967 年

—

理查德·巴克敏斯特·富勒（1895—
1983 年）

—

富勒的网格穹顶是他最成功的建筑理念，
这种理念体现于各种材料建造的各种规模
的穹顶之中。富勒受美国政府委托，为
1967 年世界博览会建造其展馆，他制作
了一个直径 76 米的四分之三球体，以亚
克力和由计算机控制的遮阳系统组成双层
外壳。1976 年，一场大火烧毁了亚克力
的部分，但其结构得以保存，并在 1995
年作为一处展览馆重新开放，其展览内容
与水、气候变化和相关问题有关。

辛德勒/蔡斯住宅，北国王路 835 号，西好莱坞，加利福尼亚州，1921—1922 年

——

鲁道夫·辛德勒（1887—1953 年）

——

1914 年初，辛德勒从维也纳搬也到了芝加哥，并在加利福尼亚州为弗兰克·劳埃德·赖特工作，在那里，他为自己和妻子，以及另一对夫妇（蔡斯夫妇）建造了一栋拼连住宅。辛德勒写道："室内和室外的区别将消失。"他使用了厚混凝土墙体，将其在地面上浇筑然后拉起至指定位置，这种工艺由欧文·吉尔在加利福尼亚州率先实践，辛德勒在与赖特合作时也曾实践过。这些房屋现在作为博物馆被保存下来。

164 罗森鲍姆住宅，河滨大道 601 号，弗洛伦斯，亚拉巴马州，1939—1940 年

——

弗兰克·劳埃德·赖特（1867—1959 年）

——

赖特的"美国风"住宅介于定制的个人住宅和标准化住宅之间。通过筛选出形式和材料的通用语汇，再结合对 L 型构造的设想与位于转角处的厨房，这些房屋可以根据特定客户和地点的需求以相对便宜和快捷的方式建造。赖特的塔里埃森办公室也是一所学校，其中的学生带着图纸来监督这里的工程，直到完成施工。在经济大萧条时期，这些房屋为囊中羞涩的中产阶级提供了一个优雅的住房方案。

**民众之家，克利希，巴黎，
1935—1939 年**

—

欧仁·博杜安（1898—1983 年）和马塞
尔·洛兹（1891—1978 年）
工程师：弗拉基米尔·博迪安斯基
（1894—1966 年）
钢材制造：让·普鲁维（1901—1984 年）

—

这是一座在建造方面具有革命性的建筑，
由巴黎外围的一个左翼郊区社群建造。
让·普鲁维出身于法国南锡的一个金属加
工家族，因能提供新颖的建筑部件而成为
许多建筑师不可或缺的合作者。他在克利
希发明了用作外覆层的压制钢板，为建筑
提供了刚度，并填充了玻璃棉作为隔热材
料。地板和屋顶都是可伸缩的，以满足建
筑作为市场和社区会议厅的不同用途。

莱维顿，亨普斯特德，长岛，纽约，
1947—1951 年
—
莱维特公司：阿尔弗雷德·莱维特（1912—
1966 年）和威廉·莱维特（1907—1994 年）
—
威廉·莱维特在战争期间拥有丰富的军事
设施建筑经验，他发现了在长岛的土豆田
里开发一个大型社区的商机，并让他的建
筑师弟弟阿尔弗雷德设计了几种建筑，事
实证明它们大受欢迎。这些场地清除了所
有旧有的特征，但最初的莱维顿及它的几
个衍生项目只是没有灵魂地屈从于传统样
式。高效低成本住房的最终效果胜过了其
他体量更大的建筑系统。

清风"快船"拖挂房车，1936 年
—
华莱士·默尔·"沃利"·拜厄姆（1896—
1962 年）
—
作为一名 DIY 杂志的出版商，沃利·拜
厄姆尝试为自己设计房车，并引入自己
的创新——车轮间的下沉式地板和更高
的天花板。这项设计的成功使他全力进行
房车生产，并于 1931 年注册了"清风"
（Airstream）的品牌名称。5 年后推出的
"快船"系列采用半单体壳式铝质车身和
侧门设计，现已成为公认的设计经典，也
为建筑提供了施工方面的思路。

西格尔巷和沃尔特斯巷，刘易舍姆区，南伦敦，1979—1984 年

—

沃尔特·西格尔（1907—1985 年）

—

20 世纪 80 年代初，一些独立建设房屋的人使用沃尔特·西格尔的木屋设计，成功建造了两个互相独立的结构，图中展现了这位德国移民建筑师正在问候其中的一名自建者。西格尔对简易房屋进行了研究，并在 1963 年建造了自己的模型。后来自建这一方式被视为赋予未来社区居民自主权的契机，可以促进对传统建筑方式来说过于陡峭的土地的使用。无政府主义自助的积极性在战后大规模制造住房的过程中逐渐消减，而这一项目使之得以恢复。

空降城，特立尼达，科罗拉多州，1965—1973 年

—

吉恩·波诺夫斯基（生于 1941 年）、乔安·波诺夫斯基（生于 1942 年）、理查德·卡尔维特（生于 1943 年）和克拉克·里切特（1941—2021 年）

—

空降城的创始人中有三人是堪萨斯大学的学生，他们受到"偶发艺术"以及约翰·凯奇、罗伯特·劳森伯格和理查德·巴克敏斯特·富勒的启发，其中富勒设计的穹顶形状为他们买下的土地上的最初的嬉皮士住所提供了灵感。在没有任何建筑经验的情况下，他们使用了各种回收材料，包括瓶盖和汽车车身的钢板。这个乌托邦式的愿景因为预料之外的游客的到来而蒙上阴影，仅仅维持了 8 年便宣告结束。

**预制房屋，加德路，默东，巴黎，
1950 年**

—

让·普鲁维（1901—1984 年）、亨利·普
鲁维（1915—2012 年）和安德烈·西弗
（1899—1958 年）

—

这 14 栋预制房屋原本由住房部长克劳迪
乌斯·佩蒂订购，但未得以使用，它们从
位于南锡的普鲁维的工作室被运送到巴黎
西南部的郊区。折叠的钢构件可以在没有
任何起重设备的情况下进行组装，屋顶和
墙体采用了可调整的门架桁架和覆面板。
内部可以灵活配置。尽管大多数房屋有砖
石填充，但是它们都以钢架从地面上撑起。

新工艺与新形式

玛格丽特·威克斯小学，圣奥尔本斯，赫特福德郡，英格兰，1956 年

—

建筑师联合事务所（成立于 1939 年）

20 世纪 40 年代，赫特福德郡议会率先采用预制轻钢结构系统建造学校，并使用了以儿童为中心的设计。这座建筑空间宽敞、结构清晰、色彩明快且规划较为随性，为战后传统材料和建筑技术短缺提供了一个解决方案，也实现了现代主义关于建筑部件和装配流程合理化的目标。建筑师联合事务所这类独立组织受雇来解决"婴儿潮"对学校的需求，并利用了这一系统。

"寂静城市"住宅区，德朗西，塞纳-圣但尼省，法国，1930—1934 年

—

欧仁·博杜安（1898—1983 年）和马塞尔·洛兹（1891—1978 年）

工程师：欧仁·莫潘（生卒年不详）

这处住宅区采用了工程师莫潘开发的轻钢架系统和让·普鲁维设计的门窗，15 层高的塔楼首先建起，下面则是低层住宅。20 世纪 30 年代初的金融危机中，社会和体育设施被削减，塔楼中的公寓也难以出租，因此，该建筑群在 1938 年被转为军事用途，战时成为臭名昭著的集中营拘禁所和中转站。这些塔楼于 1976 年被拆除。

绿色温泉公寓，伊斯灵顿，伦敦，1945—1949 年

—

伯特霍尔德·吕贝特金（1901—1990 年）
和 Tecton 小组（成立于 1932 年）
工程师：奥韦·阿勒普（1895—1988 年）
和彼得·杜尼坎（1918—1989 年）
插图：玛格丽特·波特（1916—1997 年）

—

当奥韦·阿勒普设计的"箱形框架"得到
通过时，英国的混凝土建筑取得了突破性
进展。这一设计采用预制混凝土墙板和楼
板，取代了传统的板材以及价格昂贵且干
扰视线的梁柱。吕贝特金捕捉到了砖砌立
面作为样板制造媒介在表达上的潜力。

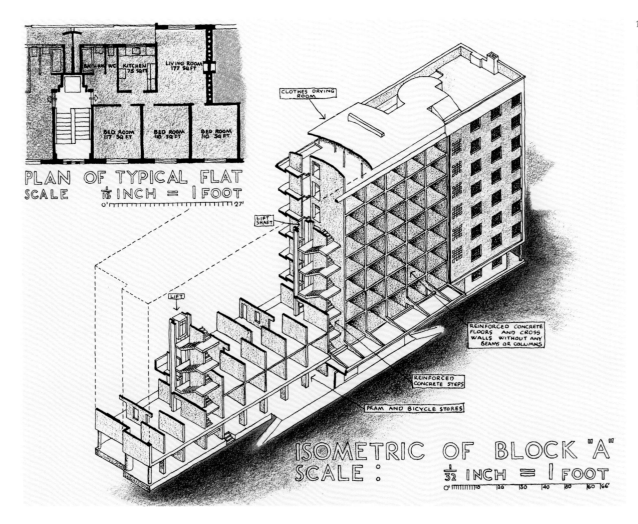

栖息地 67，蒙特利尔，1967 年

———

摩西 · 萨夫迪（生于 1938 年）

———

加拿大于 1967 年举办的世界博览会在战后技术乐观主义的高峰期吸引了全世界的目光。萨夫迪设计"栖息地 67"时还不到 30 岁，这个建筑项目展示了工业化生产的三维可堆叠单元对住房的改变，而这正是他在麦吉尔大学时的毕业论文主题。当时在国际上日渐兴起的乐高模块被用于模型设计。"栖息地 67"旨在为每个单元提供社区性，并在开放空间中保有一定程度的私密性，不过它在施工方面的新颖性并没有被发扬光大。

榉树街 9 号，剑桥，马萨诸塞州，1941—1942 年

—

菲利普·约翰逊（1906—2005 年）

—

在策划了 1932 年纽约现代艺术博物馆的"现代建筑：国际展览"后，菲利普·约翰逊便前往欧洲，并被卷入了法西斯政治。战争期间，他考入哈佛大学设计学院，并在学校附近以胶合板为墙体建造了一栋简易房屋来进行论文研究。这种简约的建设理念源自美国建筑传统，是现代主义融入美国的重要体现，它脱离了标准的郊区地段布局，挑战了传统。这栋房子现在归哈佛大学所有。

贝利住宅（案例研究住宅 21），奇境公园大道 9038 号，洛杉矶，1958 年

—

皮埃尔·柯尼格（1925—2004 年）

—

1945—1962 年的约翰·恩坦扎的案例研究住宅项目以《艺术与建筑》杂志为平台，推广中等造价房屋的新理念。这个项目的所有的房子都位于加利福尼亚州。柯尼格师从理查德·诺伊特拉，和其他大多数案例研究项目的建筑师一样，他使用钢材，这在当时不良品味几乎遍布美国的风气下提供了一种纪律感。这栋住宅使用了一个在施工现场制作的长 6.7 米的模块，以提供宽敞的开口并适配窗户尺寸。这栋住宅和其他类似住宅的魅力四射的形象得到了广泛传播。

174

空军机库，奥尔维耶托，意大利，1935 年

—

皮埃尔·路易吉·内尔维（1891—1979 年）和乔瓦尼·巴尔托利（1932—1957 年）

—

作为设计师和承包商，内尔维与他的表弟巴尔托利一起赢得了这场竞赛。这座机库是一个高效的结构，但它的造价十分昂贵，因为需要使用大量的模壳结构进行一体化混凝土浇筑。机库最终呈现出的效果类同于某种自然形式，满足了现代主义者对完美结构的愿景。这座建筑和后来的机库在战争期间被撤退的德军摧毁，但内尔维在之后的职业生涯中仍在使用更为壮观的拱肋屋顶。

176　**采矿和冶金大楼，伯明翰大学，1966 年**

—

奥雅纳公司：菲利普·道森爵士（1924—2014 年）和罗纳德·霍布斯（1923—2006 年）

—

奥韦·阿勒普工程咨询公司（现为奥雅纳公司）在 1963 年决定开展建筑事务，通常服务于高等教育和工业场所，并且更加关注学术场所所需的通风。这座伯明翰大学的大楼率先使用了"粗花呢格纹"的设计，这种样式因格栅的宽窄交替而得名，窄格子之间整齐地安装着管道、电线和风道，并使其易于维修和保养。这种节奏感也为建筑增添了个性。

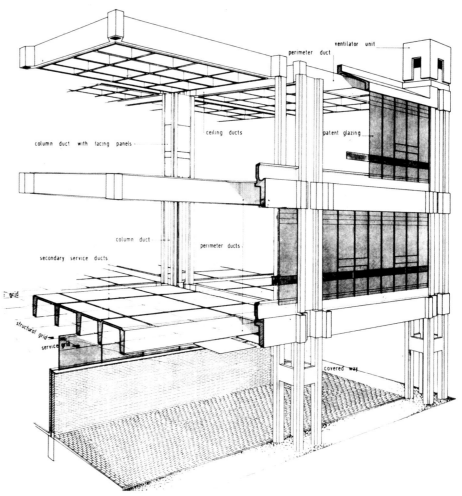

慕尼黑奥林匹克体育场，1968—1972 年

—

弗雷·奥托（1925—2015 年）和金特·
贝尼施（1922—2010 年）

—

从童年开始，弗雷·奥托就参与了多种膜
结构（兴起于 20 世纪 60 年代）的实践，
他与生物学家、数学家、纺织品制造商和
建筑师合作，通过水坝、悬托型水库和气
动结构的方案来进一步发展这一理念。这
些建筑通常为大型公共活动设计，其中最
著名的就是慕尼黑奥林匹克体育场。

比希尔中心办公大楼，阿珀尔多伦，荷兰，1967—1972 年

—

赫尔曼·赫茨伯格（生于 1932 年）

—

与阿尔多·凡·艾克等同时代荷兰人一样，赫茨伯格反对无灵魂的、机械化的城市发展。他在阿珀尔多伦发展出了他的方案，这栋保险大楼可容纳 1000 多名工作人员，希望在相对狭小的空间内的隔间中增添个性，楼内的照明由十字形的内部中庭提供。这种设想得以实现，部分是因为公司的政策鼓励对隔区进行个性化设计。

哑剧剧场，俄克拉荷马城，1970 年

—

约翰·约翰森（1916—2012 年）

—

约翰森在哈佛大学师从瓦尔特·格罗皮乌斯（并娶了他的养女），并对通过将建筑分解成明显不同的组成部分来实现"去纪念性"越来越感兴趣。1972 年获奖的哑剧剧院就体现了这种倾向，但该建筑在 2014 年被拆除。约翰森在晚年对整体建筑的可能性产生了兴趣，在这类建筑中，"所有的功能、服务、结构、设备和美学效果都被设计成一个不可分割的整体"。

中银胶囊塔，新桥，东京，1972 年

—

黑川纪章（1934—2007 年）

—

作为新陈代谢派的创始人之一，黑川希望规避永久性以打破日本式的价值观，并且表达流动和变化。对城市的彻底改造是不可能实现的，但中银胶囊塔体现出了某种迹象，它利用与服务核心相连的插入式极简房的理念，立于城市快速路之上。该建筑已经变得陈旧，半数房间空置，面临着被拆除的命运，但在本书写作时拆除工作被暂缓①。

① 中银胶囊塔已于 2022 年 4 月 12 日正式开始拆除。

新工艺与新形式

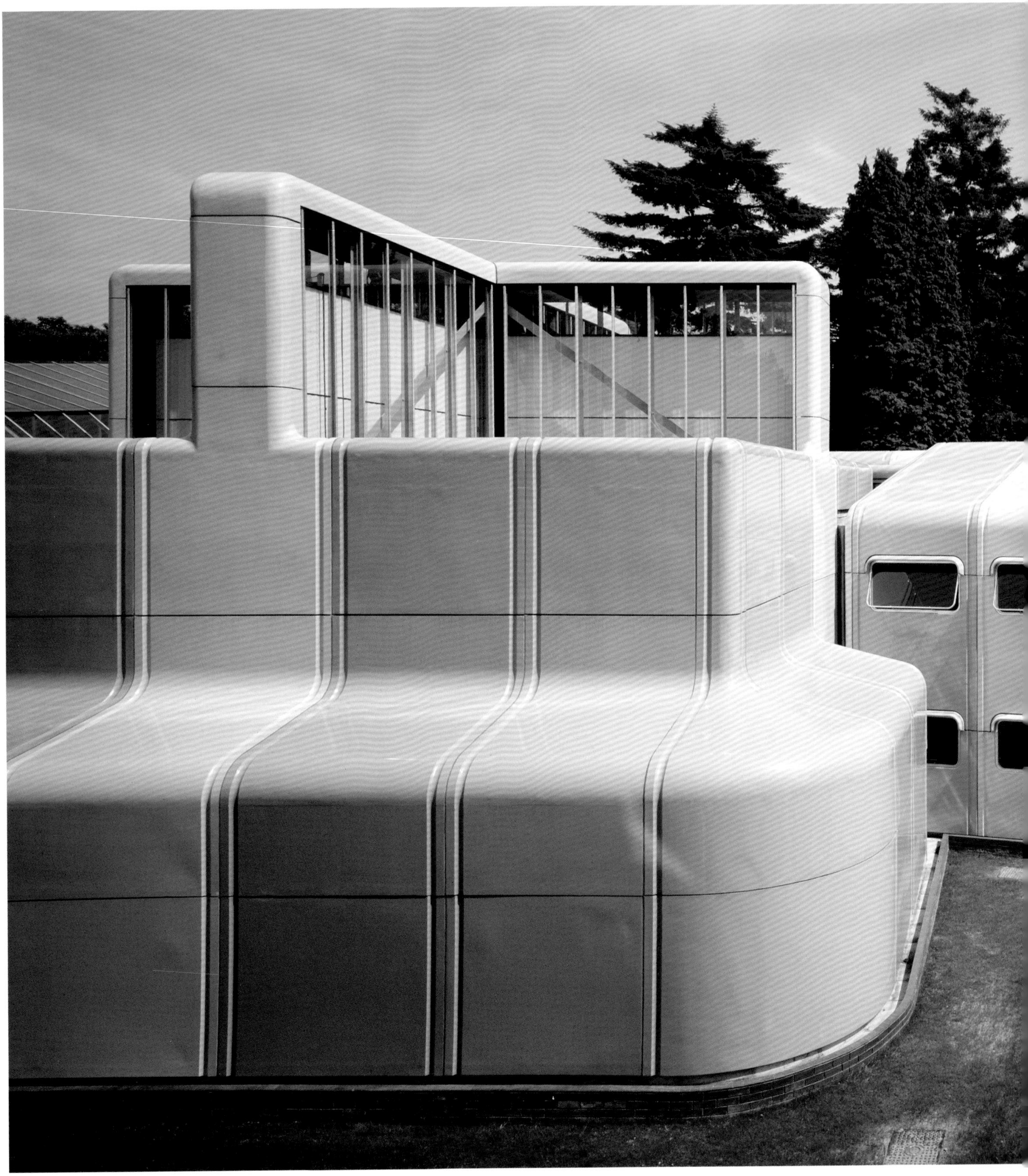

奥利维蒂培训中心（现为布兰克森会议中心），黑斯尔米尔，英格兰，1969—1972 年
—
詹姆斯·斯特林（1926—1992 年）
—
在红砖之后，斯特林选择了玻璃钢（GRP）板材，用于这栋爱德华时代的乡间别墅的"复仇者联盟风格"的扩建工程。他希望将紫色和青绿色的面板交替使用，但最终不得不使用更柔和的色调，尽管该建筑与其他房屋相距甚远。这些面板本来应当"卡扣到位"的，但影像记录显示，工人们用大锤将它们敲击至指定位置。

未来之家，1968—1970 年，2013 年起于巴黎圣旺的多芬市场展出
—
马蒂·苏罗宁（1933—2013 年）
—
这位芬兰建筑师在职业生涯中致力于各种塑料的设计，他发展出了两种房屋类型：圆形的未来式（Futuro）和有着更宽开口的方形的通风式（Venturo）。呈 UFO 形状的未来之家由钢架结构上的 16 块玻璃钢面板组成，可以成套购买并于现场搭建。未来之家的设计初衷是用作滑雪小屋，因为它可以放置在任何地形上，并且内部可以快速升温。它在世界各地都有销售，但数量不多。

8
—
恢复的记忆
—
1950—
2000 年

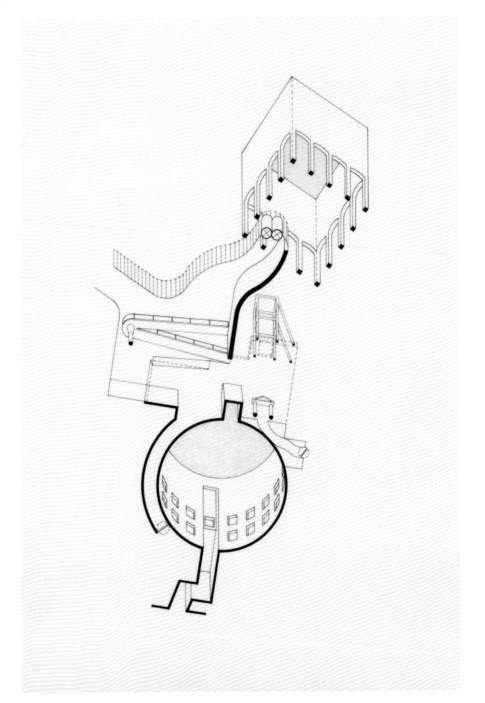

我们习惯于用抹去过去痕迹的"白板说"来定义 20 世纪的建筑，它们体现出了 20 世纪一些最专横的统治者的野心，还有些人则在后来的很多年里认为古典形式不受欢迎。然而，"日日新"的愿景也会包含对过去的改造，就像提出这一倡议的埃兹拉·庞德的诗歌一样。

战后几十年来，历史名城的建筑环境激励人们选择材料，并按照与老建筑的精细质地相称的尺度来设计。这无疑是意大利建筑师擅长的领域。

从加尔代拉设计的威尼斯扎特雷住宅等早期富有争议的填充式建筑开始，卡洛·斯卡帕在维罗纳的原创性干预被允许改造历史建筑，而 20 世纪 70 年代的新理性主义者，如阿尔多·罗西，则让城市及其组成部分的特性优先于交通的"需求"。格里莫港是 20 世纪 60 年代的法国度假村和码头，因给人感觉宛如一处历史性地点，而冲击了现代主义的确定性，于是开启了"后现代主义"的大门。"后现代主义"这个词用于描述一种更广义的文学和文化上的相对主义和自我意识，它们一直是现代主义的暗面，并且从 20 世纪 40 年代起每隔一段时间就会出现在建筑著作中，直到 1977 年评论家查尔斯·詹克斯将其称为一项运动。

罗伯特·文丘里是后现代主义建筑的领军人物之一，他的小书《建筑的复杂性与矛盾性》（1966 年）是双重含义和狡猾趣味的宣言；而查尔斯·摩尔则探索了感官层面上的居所和对古代形式的指涉。詹姆斯·斯特林曾经是技术创新的使徒，菲利普·约翰逊则是密斯风格的极简主义的大祭司，他们都抓住了新的机遇，通过玩笑以及对过去的借鉴来丰富他们的设计。这场运动起初可能令人恼火、自说自话，但长期来看，它对于保存历史城市的质感以及考虑建筑使用者的情感需求是完全有益的，尤其是在房屋设计方面。现在，若不对后现代主义给予充分关注，写出一部令人信服的现代主义史根本不可能实现。虽然后现代主义被认为是现代主义的对立面，但可以说它深深扎根于最初的运动当中，由于早期历史刻意抹去任何有装饰、风格记忆或随意表达的东西，这些元素已经从视线中消失。也许正如理论家让-弗朗索瓦·利奥塔在 1979 年解释的那样，"一件作品必须先成为后现代的，才能成为现代的。因此，后现代主义不是末期的现代主义，而是新生状态的现代主义，且这种状态是恒定的"。因此"后现代状态"（得出这一结论的著作的书名）并非是对战后时期的曲解，而是整个过程所固有的。

扎特雷住宅，威尼斯，1954—1958 年

—

伊尼亚齐奥·加尔代拉（1905—1999 年）

—

在威尼斯的醒目地点建造一栋新建筑需要技巧，而加尔代拉成功地翻新了这座威尼斯宫殿且没有拘泥于其本身。雷纳·班纳姆写道："这座建筑最显著的优点是，它第一眼看上去像一个改造工程，在第二次和第七次观看之间的某个瞬间会发现，它其实是设计师的杰作……我相信，这是极其重要的一课。"

184　**青蛙草原谷仓酒店，戴德姆，埃塞克斯郡，英格兰，1967 年、1969 年和 1972 年**

—

雷蒙德·厄里斯（1904—1973 年）

—

这些简易的乡间房屋意在让人看起来像是随着时间的推移而生长出来的。厄里斯抵制现代主义，但他深刻地思考了古典主义如何能够合理地成为生发于本土建筑实践设计的一部分。他在去世之后被认为是一个原创性的思想家，而不仅仅是一个模仿者。他的建筑常常是诙谐的，但从来不具备讽刺意味。这排建筑后来由昆兰·特里（生于 1937 年）扩建，并延续了厄里斯的做法。

—

爱德华·达雷尔·斯通（1902—1978 年）

—

斯通的第一件独立建筑作品是 1938 年与菲利普·古德温合作完成的纽约现代艺术博物馆，但他在之后发展了一种更具历史意识和装饰性的设计手法，与他接受的前现代主义训练相悖。这种转变使斯通从纯粹主义者中脱离，但汤姆·沃尔夫等反现代主义者认为他是重要的早期反叛者，他们反对的正是与美国的消费主义背道而驰的欧洲清教徒品味。

海角，海牧场，索诺马县，加利福尼亚州，1964—1972 年

—

总规划师和景观设计师：劳伦斯·哈尔普林（1916—2009 年）

MLTW 建筑事务所：查尔斯·摩尔（1925—1993 年）、唐林·林登（生于 1936 年）、威廉·特恩布尔（1935—1997 年）和理查德·惠特科尔（生于 1929 年）

—

开发商阿尔弗雷德·波克从飞机上看到了海牧场地块，并挑选了一支年轻的建筑师团队，在精心修复的景观中合作打造一个度假房居住区。当地的农场建筑为房屋提供了形状和材料的灵感，地中海岛屿村落则提供了集群的形式，这是一个"熟悉和惊喜的集合"。摩尔是一位颇具影响力的思想家和教师，他认可历史的整体性，使建筑更具情感吸引力。

186

格里莫港口，瓦尔，法国，
1966—1969 年
—
弗朗索瓦·斯波瑞（1912—1999 年）
—
斯波瑞是法国抵抗运动的战士，曾被关入
达豪集中营。他在这座度假村中尽情展
现着生活的乐趣，他的规划中没有出现汽
车，大部分房屋均可直接到达船泊区域。
他还恰当地选择了普罗旺斯民间风格，虽
然对有些人来说这令人惊异，但对于像彼
得和艾莉森·史密森这样开始质疑现代主
义的评论家来说，却十分有吸引力。

恢复的记忆

昆西市场开发项目，波士顿，马萨诸塞州，1824—1826 年，于 1976 年改建

—

亚历山大·帕里斯（1780—1852 年），汤普森建筑事务所改建

这座波士顿法尼尔厅地区的新古典主义风格的市场位于滨水区和波士顿老城之间，在 20 世纪 60 年代末曾遭废弃。零售商詹姆斯·劳斯与曾进行过建筑保护工作的本杰明·汤普森合作，将受保护的市场及其周边环境改造成首批所谓的"节日集市"之一。这种方式被认为是城市内部更新的新方法，为当地居民和游客提供不同寻常的购物和餐饮服务。

188

舒林珠宝店 II，科尔市场，维也纳，1981—1982 年

—

汉斯·霍莱因（1934—2014 年）

—

在两次世界大战之间活跃的建筑师对 CIAM 较为教条的规则进行了批判。霍莱因在维也纳学习艺术，随后在美国跟随密斯·凡·德·罗学习建筑，并从他那里获得了对新型材料的兴趣。霍莱因受到 20 世纪 60 年代早期"一切都是建筑"的艺术文化影响，并以城市规划师和产品设计师的双重身份对此进行实践。霍莱因设计的店铺挑战了现代主义的沉闷无聊，查尔斯·詹克斯写道："这座小小的店铺中蕴含着如此丰沛的设计天赋和神秘感，以至于会让一个局外人相信他终于碰上了文明的真正信仰。"

**飞马酒庄，纳帕谷，加利福尼亚州，
1984—1987 年**

—

迈克尔·格雷夫斯（1934—2015 年）

—

格雷夫斯丁 20 世纪 60 年代和 70 年代在普林斯顿大学组建了一个教学小组，关注美国现代主义这一"官方风格"的替代方案。1972 年，在纽约现代艺术博物馆和其他地方参加了一系列会议后，他与其中几人一起在《五位建筑师》一书中亮相，在 20 世纪 20 年代的大师的建筑上进行复杂的矫饰主义实践，并将其作为艺术家客户的周末之家。自此之后，他努力成为具有重要意义的后现代主义人物之一。他设计的飞马酒庄便是这项运动的矛盾特质的缩影：休闲产业、民主精英主义以及当代的过去。

**城堡博物馆改建，维罗纳，
1959—1973 年**

—

卡洛·斯卡帕（1906—1978 年）

—

斯卡帕从 1937 年开始进行老建筑改建，当时他为家乡的威尼斯大学重新设计了内部装潢。同年，他开始设计展览，并与博物馆界建立了联系；1957 年，斯卡帕被委托设计一座 14 世纪的古堡，他新建了一条穿过建筑物的路径，精心摆放的精美藏品与周围的环境相映成趣，它们会出人意料地出现在建筑物中的空旷处。

**金贝尔美术馆，沃思堡，得克萨斯州，
1966—1972 年**

—

路易斯·康（1901—1974 年）

—

作为路易斯·康的最后的几栋建筑之一，金贝尔美术馆被规划为独立的画廊空间，这也是对耶鲁大学美术馆（见第 148 页）的开放式结构的回应。他还希望使用自然光，以"呈现出知道时间的舒适感"。自然光穿过送风口，透过弧形混凝土拱顶上的天窗倾泻而下，相同的拱顶形状延伸到外部，迎接着美术馆所在的公园的游客。

詹姆斯·斯特林（1926—1992 年）和迈
克尔·威尔福德（1938—2023 年）
—

这座建筑是斯特林在经历了事业低谷后的
突破之作，一位当地官员在解释这座建筑
的委托时说道："斯特林为建筑提供了过
去 20 年中未曾出现过的推动力。"在原有
的 U 型博物馆的基础上，斯特林将古典的
原始形态转变为碎片化但仍可辨认的形式，
并添加了一条公共人行道，使人们可以进
入位于入口空地后面的中央雕塑大厅的鼓
形空间。

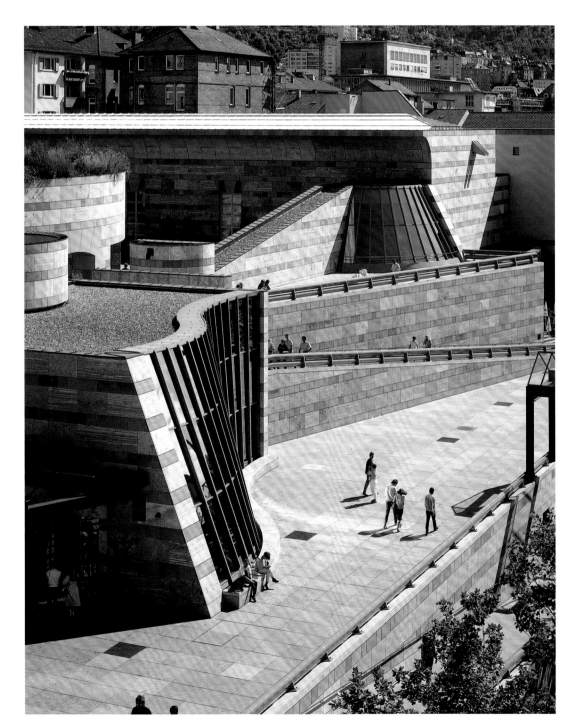

奥赛博物馆内部改建，巴黎，1981—1986 年

—

盖·奥伦蒂（1927—2012 年）

—

1970 年，位于塞纳河左岸的一座布扎风格的火车站即将被拆除，但民众的抗议活动挽救了它，使它得以成为一个陈设 19 世纪艺术作品的新博物馆，这是时任法国总统弗朗索瓦·密特朗的"伟大工程"之一。盖·奥伦蒂在 20 世纪 50 年代使用了体现出新艺术运动风格的极具争议的"新自由主义"。她对这一时期的共鸣是含而不露的，体现于她对连续的单拱顶空间的改造，空间的两边设有较小的画廊。

古罗马艺术国家博物馆，梅里达，西班牙，1980—1986 年

—

拉斐尔·莫内欧（生于 1937 年）

—

1975 年弗朗西斯科·佛朗哥去世后，西班牙经历了迅猛的文化发展和权力下放，这座位于梅里达的博物馆就是其中一个成果。它建于古罗马城镇的遗迹之上，靠近留存的剧场和竞技场。博物馆的砖块长而薄，具有罗马式风格，博物馆的巴西利卡式主厅仿佛坐落在一座古建筑脱下的壳中，强烈地暗示着这段历史。

神庙花园，小斯巴达，邓西尔，苏格兰，1982 年

—

伊恩·汉密尔顿·芬利（1925—2006 年）

—

芬利是一位视觉诗人，1966 年，他和妻子苏一起搬到苏格兰南部的一个偏远的小农场，并开始建造花园，进行着将文字和思想以实体形式安置于景观中的实验。他将船、海及现代战争的主题加入古典神灵和浪漫主义时期（尤其是法国大革命时期）的欧洲文化中，以提醒人们成长和死亡的连续性。阿波罗神庙由以前的农场建筑改建而成，体现了花园对世俗和崇高的结合。

装饰艺术博物馆，法兰克福，1979—1985 年

—

理查德·迈耶（生于 1934 年）

—

迈耶与迈克尔·格雷夫斯（见第 189 页）同为"纽约五人组"成员，并始终使用他们早期作品的白色外观。在法兰克福博物馆区，他对原有的呈方形的小别墅进行了精心设计，这座 19 世纪 30 年代的别墅通过一座连廊与建筑群的其他部分相连。在这里，光线和空间充满吸引力，并具有封闭感，但本质上仍具有"户外"的循环，这一效果通过使用两个交叉的网格实现。

194

圣卡塔多墓地，摩德纳，意大利，1971—1978 年

—

阿尔多 · 罗西（1931—1997 年）

—

罗西的《城市建筑》（1966 年）一书标志着建筑思潮的转折点，他脱离了对城市的功能性和工具性的理解，也脱离了它的对立面——风景如画的城市（无论是历史层面还是未来层面）。在十分欧洲化的语境下，城市被视为具有自身历史和特征（即所谓象征主义）的东西，它超越了理性，但对任何适当的生活方式都至关重要。1968 年的革命失败后，这种有限的、斯多葛学派的外观占了上风，并被左派所接受。圣卡塔多墓地扩建区域被设计成一个巨大的围合式的骨灰堂，既富有理性，又毫无疑问地具有情感性。

194 198

罗马大清真寺，帕里奥利，罗马，1974—1995 年

—

保罗·波尔托盖西（1931—2023 年）
工程师：维托里奥·吉廖蒂（1921—2015
年）和萨米·穆萨维（1938—2020 年）

—

波尔托盖西是现代主义之后建筑学多面发
展的关键人物，他从事教授、写作、编辑
等工作，并于 1980 年策划了威尼斯双年展
中第一个独立的建筑展览"过去的存在"。
他收录于展览画册中的文章以"禁酒论的
终结"为标题，宣称压制历史记忆的企图
已被"人类境况"所击败。这座清真寺回
应了伊斯兰教中对时间的不同看法以及变
化的意义，并使用了带有新艺术风格的曲
线型混凝土柱。

**小岛清真寺，吉达，沙特阿拉伯，
1986 年**

—

阿卜杜勒-瓦希德·瓦基勒（生于 1943 年）

—

瓦基勒在埃及的一所英国学校接受教育，在那里他发现了罗斯金的概念，学习了通识性的现代主义建筑课程。但他反其道而行之，发现了哈桑·法赛（1900—1989 年）的作品，瓦基勒使用传统的材料和形式，并把这些作为他的指导。从 20 世纪 80 年代开始，他建造的清真寺有一种非同寻常的简洁和纯粹，他还建造了传统的城市庭院房屋，并使用承重材料建造了牛津的伊斯兰研究中心。

墨西卡利住宅，墨西哥，1975—1976 年

—

克里斯托弗·亚历山大（1936—2022 年）

—

克里斯托弗·亚历山大从基于数学的建筑理论转向与作为建设者的人的合作。墨西卡利项目提供了一种使用混凝土的简单即兴建筑方法，同时鼓励居民通过遵守某项规范来寻找自我表达。其原理和结果记录在《住宅制造》（1985 年）一书中，这是亚历山大和他的同事们撰写的众多书籍之一，其中提出了另外一种既非历史也非传统意义上的现代的建筑和设计理论。

社会住房，骑士团街，克罗伊茨贝格，柏林，1980—1983 年

—

罗布·克里尔（生于 1938 年）

—

罗布·克里尔和他的弟弟莱昂·克里尔自20 世纪 70 年代中期以来一直是重要的城市理论家，他们基于类型学的理念，提出了现代主义城市规划的激进替代方案，常常体现为简洁的新古典主义建筑。罗布·克里尔获得了利用改良后的德国传统庭院住宅进行建造的机会，该项目当时是 20世纪 80 年代中期举办的国际建筑展览会（IBA）的一部分。建筑的中层公寓由人行道连接，与 1957 年在汉萨费尔特举办的IBA 展览形成鲜明对比，在 1957 年的展览中，每栋住宅楼均独立于草地和树木之间。

美国电话电报大厦（现为索尼大厦），麦迪逊大道 550 号，纽约，1979—1984 年

—

菲利普·约翰逊（1906—2005 年）和约翰·伯奇（生于 1933 年）

—

约翰逊是美国最早支持现代主义的人之一，他是一个"不安分"的人物，在晚年时推动了新的运动，包括对美国建筑特质的发展意识。这座"齐彭代尔式"大厦是他最具争议性的设计，与罗伯特·文丘里推广的"装饰外壳"的"广告牌"式立面相呼应，并将其作为建筑的识别特征。

202

临床研究楼，宾夕法尼亚大学，1988—1990 年

—

罗伯特·文丘里（1925—2018 年）和丹尼丝·斯科特·布朗（生于 1931 年）

—

文丘里的《建筑的复杂性与矛盾性》（1966年）是最具易读性的后现代主义文本，为建筑形式和意义的丰富性提出了有说服力的、诙谐的论证。自 1960 年起，他与妻子丹尼丝·斯科特·布朗在他的家乡费城执业。他们设计的临床研究楼以多变的砖块与校园风格相呼应，并通过盾形纹章增添了典型的"装饰外壳"风格。

加泰罗尼亚国家剧院，巴塞罗那，1991—1997 年

—

里卡多·波菲（1939—2022 年）和泰勒建筑事务所（成立于 1963 年）

—

在西班牙执业数年后，波菲于 1974 年赢得了巴黎大堂设计方案的竞赛。他最终没有执行这个项目，但还是继续在巴黎工作，使用巨大的古典元素在郊区建造大型剧院建筑。让他设计这座剧院或许是正确的选择，波菲为神庙式的外观加入了一排"不正确的"立柱，让人想起这种元素逐渐失宠的 20 世纪 80 年代。在波菲的职业生涯全盛时期，他被认为是一个重要人物。

9
—
景观与位置
—
1965—
2014 年

"房间"，1971 年

—

路易斯·康（1901—1974 年）

—

康对围场和阳光的图形化思考体现了 20 世纪 60 年代末建筑界的一个极具影响力且出乎意料的方向。公开展示主观感受成为当时物质主义特征的解决方案，它们在表达时往往相当有预设性。康的建筑带有权威性，他的教学也传播了新的建筑展示方式。

与更具历史性的后现代主义同步出现的是现代运动中的另一种人性化的分支，它基于场所的概念——尤其是建筑周围的乡村或自然环境。这种倾向通常与现象学的哲学传统和它对科学实证主义的抵制相似，特别是马丁·海德格尔回顾了人类与天地之间的神秘关系的观念的著作。在现代主义的发展进程中，一些建筑师总是巧妙地将自己的建筑植入景观之中，这也与来自土地的材料和不知名的民间建筑形式遥相呼应。这些建筑物无疑唤起了人们内心深处的情感，并成了建筑界的朝圣之地，如卡洛·斯卡帕在一个小村庄中为布里昂设计的墓园。

有时候，正是土地的产物促进了建筑物的塑造，比如瓦尔斯温泉浴场的石头，或是爱德华·库里南的丘陵网格壳所使用的绿橡木。欧洲北部尤其与这种倾向息息相关。阿尔瓦·阿尔托从来没有忘记他作为芬兰林务员之子的童年经历，他的后继者是两位更为年轻的北欧建筑大师——挪威的斯维勒·费恩和丹麦的约恩·伍重——不过在新的苏格兰议会大楼中，加泰罗尼亚建筑师恩里克·米拉列斯捕捉到了苏格兰的精髓。就像吕西安·克罗尔在鲁汶大学的作品一样，建筑的不规则性意在让人想起自然界创造形式的过程。

以光作为表现媒介的教堂就属于这一类，比如伍重设计的巴格斯韦德教堂，它以海上日出的隐喻而闻名。而博物馆建筑需要与过去及所在地产生联系，因此它们常常对所在位置的意义十分敏锐，注重参观者的体验。这种感觉是可分享的，建筑师的职责可能是建造一个容纳空间和人的大型容器，以体现身处景观之中的经验，就像丽娜·波·巴迪的 SESC（社会服务商会）文化休闲中心或多西的位于班加罗尔的学术中心一样。

顾及景观的建筑不仅是感性的逃避主义，这种建筑可以说是一种更严肃的与人交往的形式，而不是更复杂的、满足对高规格的"地标性"城市建筑的需求的任务。传统建筑可能会扰乱一些脆弱的地区的生态系统，忽略对当地居民的服务或低估自然风险等。因此，将一些项目与选址较为敏感的地标建筑归至一类似乎是合适的，这些项目的设计技巧已经应用于景观的需求，并推崇人类与景观的共存，例如格伦·马库特的游客中心、坂茂用纸管建造的教堂，以及乡村工作室在美国亚拉巴马州黑尔县的项目。

巴格斯韦德教堂，近哥本哈根，1968—1976 年

—

约恩·伍重（1918—2008 年）

—

教区想替换这座在宗教改革时期为获取石料而拆除的教堂，于是选择了当时刚从澳大利亚回来的伍重（见第 144 页）。向上翻腾的混凝土屋顶由两面平行的墙壁支撑，隐藏了上方的天窗。除了由建筑师的女儿林设计的木凳和地毯、陶瓷制品和其他装饰之外，白色在建筑中占据着主导。

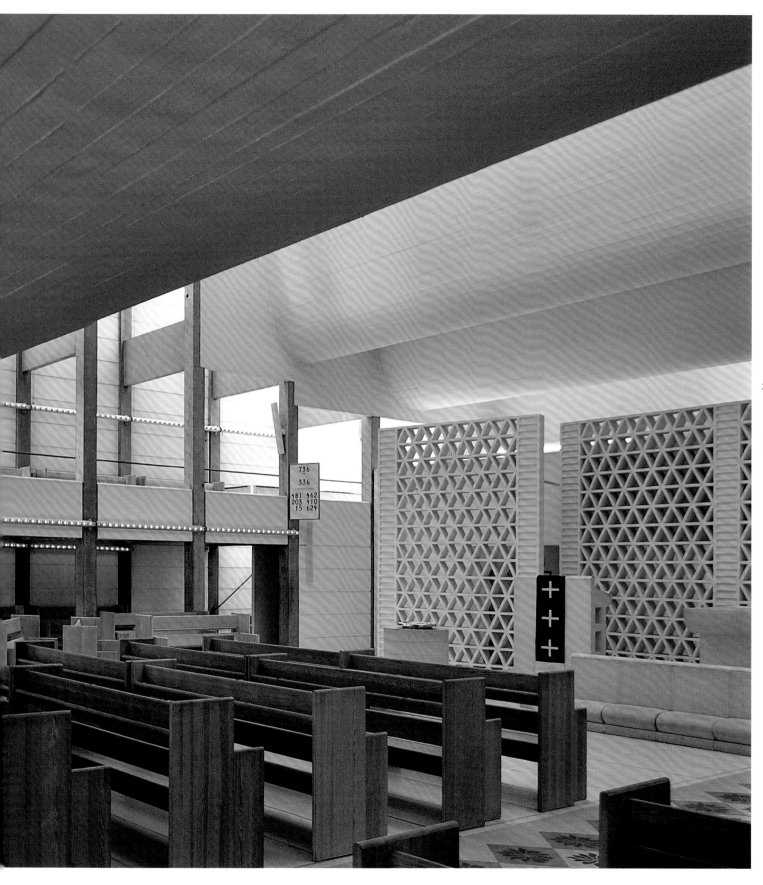

209

景观与位置

海德马克博物馆，哈马尔，挪威，1967—2005 年

—

斯维勒·费恩（1924—2009 年）

—

斯维勒·费恩的工作方式类似卡洛·斯卡帕对历史建筑的干预（见第 190 页和第 211 页），使游客能够看到并了解中世纪贸易路线上一座罕见的北方修道院的遗迹。一条混凝土走道将游客引向一个巨大的谷仓式结构中的遗址发掘处，沿途两侧的房间展示着文物。费恩于 1973 年完成了主体建筑工程，但直到 2005 年竣工前一直断断续续地在遗址上施工。

布里昂墓园扩建工程，阿尔蒂沃尔的圣维托村，特雷维索，意大利，1968—1978 年

—

卡洛·斯卡帕（1906—1978 年）

—

纪念死者的墓碑挑战了对功能主义的简单化假设，并将现代建筑师引入一个微妙而精巧的符号游戏中。在一处安静的花园般的环境中，卡洛·斯卡帕为电器制造商朱塞佩·布里昂设计了一系列小而复杂的混凝土模块和可移动的金属门，其中兼用了昂贵的和普通的材料。

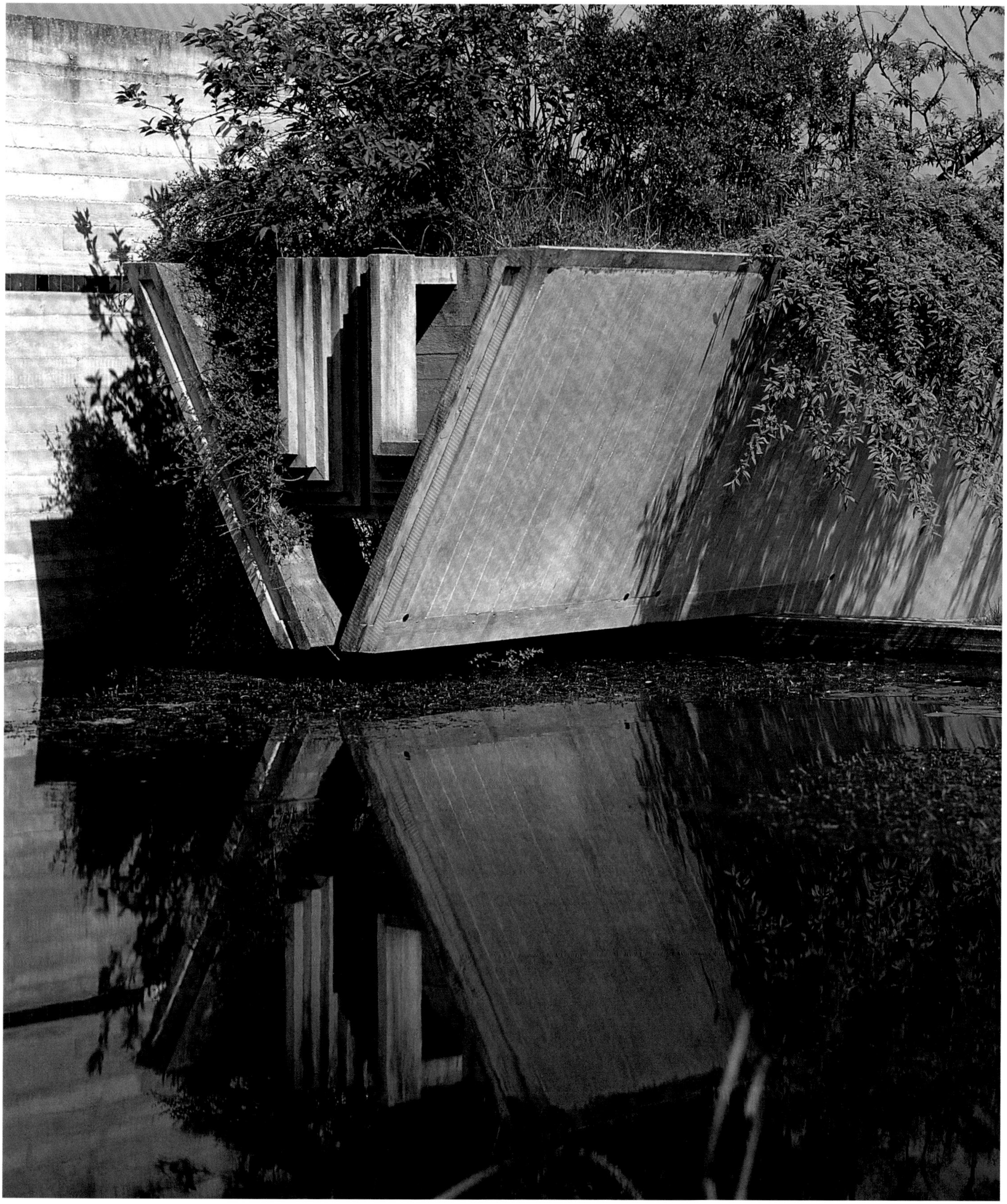

鲁汶大学医学院，布鲁塞尔，1970—
1972 年
—
吕西安·克罗尔（1927—2022 年）

吕西安·克罗尔从功能性和政治性的角度
反叛了现代建筑的形式体系，他让建筑使
用者得以参与其中，尤其是在与社会接触
的途径和机会方面。他写道："所有的一
切都在交流和保持开放，每个元素都能看
到、理解和遇到其他元素。"医学生的住
所遵循了他们对自己房间的安排，建筑也
有意营造出未完成的样貌。

SESC 文化休闲中心，圣保罗，巴西，
1977—1986 年
—
丽娜·波·巴迪（1914—1992 年）

在职业生涯晚期，出生于意大利的波·巴
迪将一家油桶厂改造成了包含体育、文化
和教育活动的场所。建筑师马塞洛·费拉
兹写道："（她的）手法是当代建筑实践
模式的一场真正的革命。我们在建筑内部
设有一个办公室；项目和方案是作为一个
整体制订的，连接在一起，不可分割……
这是一座每一处细节都具体可感的真实的
建筑。"

拜克墙地产，泰恩河畔纽卡斯尔，1968—1982 年

—

拉尔夫·厄斯金（1914—2005 年）和弗农·格雷西（出生年份未知）

—

20 世纪 60 年代末，英国出现了对传统的住房街道会被大片千篇一律的公寓取代的担忧。除了没有吸引力的材料和外形之外，缺乏未来居民的参与也是问题所在。拜克社区想要改变这种状况，让一家英国和瑞典合资的建筑公司在转角商店里设立办公室，并在这一地块顶部的"屏风"建筑上增添颜色和个人修饰，建筑顶部呈坡面，在景观环境中向下随性地延伸至较小的分区。

古巴国家艺术学校，库巴纳坎，哈瓦那，古巴，1962—1965 年

—

戏剧学院：罗伯托·戈塔尔迪（1927—2017 年）
造型艺术学院和现代舞学院：里卡多·波罗（1925—2014 年）
芭蕾舞学院和音乐学院：维托里奥·加拉蒂（1927—2023 年）

—

1961 年，菲德尔·卡斯特罗与切·格瓦拉在专有的哈瓦那乡村俱乐部中打了一轮高尔夫球，他们决定在这个优美的环境中建立一所艺术院校，并免费向所有人开放。该项目开始得很匆忙，拱顶由砖块而非稀缺的混凝土筑成。当经济和政治变化导致工程暂停时，这所学校只完成了一部分，大部分建筑被丛林吞噬。到了 20 世纪 90 年代，外界对该项目及其作为古巴革命最具代表性建筑的地位越发感兴趣，这所学校终于得以竣工。

干城章嘉公寓，孟买，1970—1983 年

—

查尔斯·科雷亚（1930—2015 年）

—

科雷亚努力建成适配印度气候和文化的现代建筑。他尽可能避免人工降温，并为不同阶层的人寻找合适的建筑形式。他为家乡所建的高达 85 米的干城章嘉公寓层层相扣，建筑内部和周边都有露天空间，使空气得以自由流通。科雷亚是 20 世纪 70 年代初期孟买的重要建筑师，他还设计了海港对面的新孟买，试图将不同的社会阶层融合起来，并保持街头生活中富有活力的特质。

印度管理学院大楼，班加罗尔，印度，
1962—1974 年

—

巴克里希纳·多西（1927—2023 年）

—

多西出生于印度浦那，他曾在巴黎与
勒·柯布西耶共事，后回到艾哈迈德巴德
监督他的设计施工，之后与路易斯·康密
切合作（见第 220 页）。在设计这座建筑
时，多西说他的目标是"创造一种看不到
隔断和门的氛围"，并使用装饰着绿色植
物的走廊产生互动。该建筑通过运用自然
通风和树荫来节约能源。

多穆斯，人类博物馆，拉科鲁尼亚，加利西亚，西班牙，1993—1995 年

—

矶崎新（1931—2022 年）

—

矶崎新与丹下健三共事，是新陈代谢派运动的参与者，在日本和其他国家都有作品。人类博物馆位于西班牙北海岸，是一座关于人类物种的"体验型"博物馆。它坐落在一处岩石岬角上，宽阔的帆状屋顶由石板瓦覆盖，面向大海，向陆地的方向弯曲。和很多建筑一样，它证明外籍建筑师也可以像本土建筑师一样诠释地方特质。

法尔卡什雷蒂公墓礼拜堂，布达佩斯，1975 年

—

伊姆雷·马科韦茨（1935—2011 年）

—

为了抗议当时匈牙利建筑的千篇一律，马科韦茨恢复了 1900 年的国家浪漫主义风格，强调了木材结构和夸张的建筑内外形状。1975 年，他被禁止在布达佩斯继续工作，并搬到了匈牙利北部。1989 年后，在英国记者乔纳森·格兰西的报道下，马科韦茨的作品得以闻名世界，乔纳森·格兰西称他"既凶狠又善良，既严肃又有趣"。

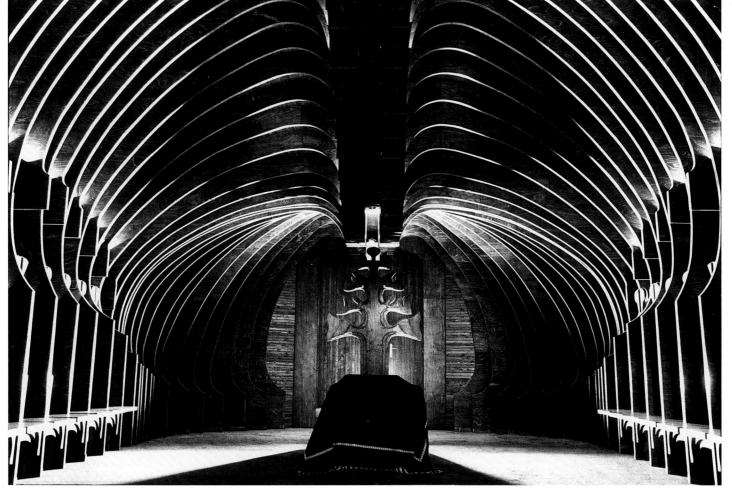

马拉古拉庄园，埃武拉，葡萄牙，1973—1977 年

—

阿尔瓦罗·西扎·维埃拉（生于 1933 年）

—

1974 年葡萄牙恢复民主后，西扎接受委托，在埃武拉的罗马城墙外的马拉古拉庄园里建造了一个新的住宅区。背靠背的两层庭院房屋提供了统一感，同时允许对房屋内部进行更改。西扎建造了一条高架水渠，以呼应 16 世纪为城镇供水的输水道。这条穿过住宅区的水渠内有管线和供水系统，下方设有接入口，还能为道路提供荫庇。

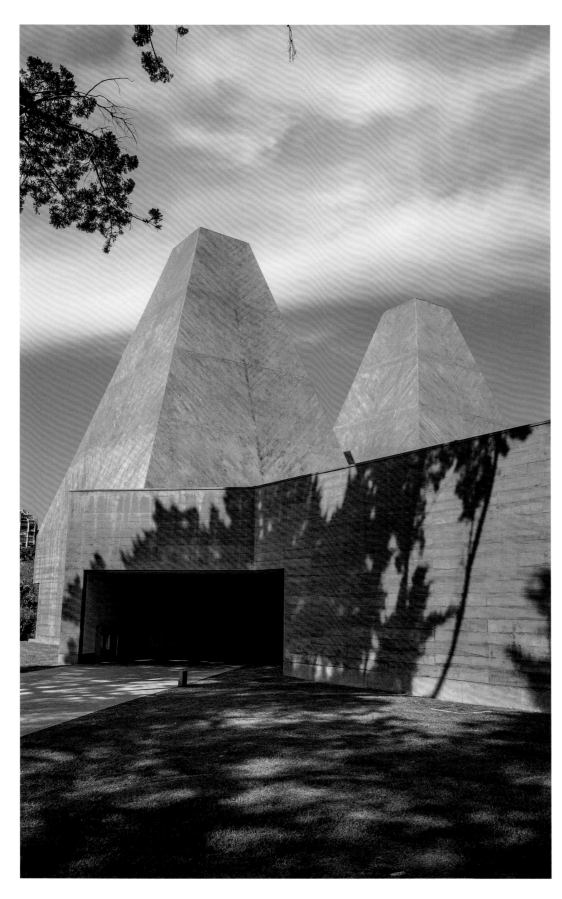

保拉·雷戈故事之家，卡斯凯什，葡萄牙，
2008—2009 年
—
爱德华多·索托·德·莫拉（生于 1952 年）
—
索托·德·莫拉在波尔图出生并接受建筑
训练，在建立自己的事务所之前，他曾与
阿尔瓦罗·西扎·维埃拉共事。艺术家保
拉·雷戈 1935 年生于葡萄牙，后来移居
英国，在斯莱德美术学院学习。她以创作
令人不安的叙事性图像著称，体现了萨拉
查政权在葡萄牙的独裁统治。这个展示其
作品的美术馆被称为"故事之家"，其设
计反映了当地的建筑传统，具有引人注目
的红色四棱台形屋顶。

219

景观与位置

施洗圣约翰教堂，莫格诺，马基亚山谷，
提契诺州，瑞士，1994—1996 年

—

马里奥·博塔（生于 1943 年）

—

博塔出生于瑞士的意大利语区，他的大部
分作品都建在该处。他曾在米兰和威尼斯
接受培训，且偏爱圆柱形，经常用对比色
调的带状砖石做装饰。这些元素创造了所
谓的"提契诺派"，但又不完全来自当地
的传统。这座教堂取代了 1986 年时因一
场雪崩被毁的旧教堂和一小群当时已经废
弃的房屋。这座椭圆柱体建筑依山而立，
由倾斜的屋顶提供采光。

**印度管理学院，瓦斯特拉普尔，
艾哈迈德巴德，古吉拉特邦，印度，
1962—1974 年**

—

路易斯·康（1901—1974 年）

—

巴克里希纳·多西找到康设计印度管理学
院的艾哈迈德巴德分校时，康正在进行
达卡的新政府大楼项目。就像多西在班加
罗尔设计的印度管理学院大楼（见第 215
页）一样，流通空间被认为对实现建筑的
学习设施功能而言至关重要。虽然这所商
科院校的课程是现代的，但建筑却让人联
想到远古的遗址，巨大的砖墙上有圆形的
开口，混凝土的拉杆形横梁强调了这一点。

温泉浴场，瓦尔斯，格劳宾登州，瑞士，
1993—1996 年

—

彼得·卒姆托（生于 1943 年）

—

在求学纽约之后，卒姆托成了一名建造历史性建筑的建筑师，这一经历和他自己的木工背景使他对简单材料所具备的潜力有一种罕见的直觉。基于个人经验，他对光线、空间和质感进行深思熟虑且朴实无华的设计处理，并因此为人所知。天然温泉内部，层层叠叠的石板墙发人深省，传达了 20 世纪后期的建筑对感性和永恒的向往。

21_21 设计视野美术馆，赤坂 9-7-6，
港区，东京，2007 年

—

安藤忠雄（生于 1941 年）

—

21_21 设计视野美术馆由时尚设计师三宅一生和安藤忠雄共同创建，是一个设计博物馆和展览空间，两块三角形钢板构成了屋顶，大部分空间都在地下。屋顶的形式意在体现三宅一生的标志之一：小型褶皱。安藤有意识地将日本传统建筑的某些方面融入到现代材料（尤其是精工细作的混凝土）的使用以及建筑与景观的关系中。

肯普西博物馆和游客信息中心，新南威尔士州，澳大利亚，1976—1988 年

—

格伦·马库特（生于 1936 年）

—

气候和历史使澳大利亚与地球的关系变得敏感，马库特是致力于减轻地球负担的可持续发展建筑的先驱者。他独自工作，因其独创性和完整性而享誉全球。肯普西的建筑将游客引导至悉尼和布里斯班中间的麦克莱谷。简洁的棚屋使用了木材框架和金属板，再现了欧洲移民在澳大利亚使用的典型材料和造型。

丘陵网格壳，旷野丘陵博物馆，辛格尔顿，西萨塞克斯郡，2002 年

—

爱德华·库里南（1931—2019 年）工作室和布罗哈波尔德公司（成立于 1976 年）

—

旷野丘陵露天博物馆研究和展出乡土建筑，大部分由木框架搭成。库里南的网格壳重新创造了木框架技术，他使用绿橡木先平铺出斜纹网格，然后再利用模架的自重牵拉出房屋形状。外层的雪松木板形状也以同样方式处理，以适合这个巨大的花生形状。最终，这座建筑在新旧之间达成了某种平衡，建设消耗的能量仅相当于同等的钢和混凝土结构的 3%。

红色位置博物馆，新布赖顿，伊丽莎白港，南非，2005 年

—

诺罗-沃尔夫建筑事务所：乔·诺罗（生于 1949 年）和海因里希·沃尔夫（生于 1970 年）

—

"红色位置"是开普敦市郊的一个黑人贫民区，原本是布尔战争的集中营所在地，因其生锈的铁质屋顶而得名。这座博物馆用于纪念与该地区相关的反种族隔离运动，工业风格的锯齿形屋顶下运用了当地的日常材料和形式——混凝土块和波纹铁板。通过使用"记忆盒子"（以储存移民公认的珍贵物品的盒子为基础），这座博物馆旨在通过个体记忆来理解过去与当下的苦难。许多当地居民仍生活在贫困之中，因建造博物馆的花费而提出抗议，这些抗议活动最终导致博物馆于 2014 年关闭。

苏格兰议会大楼，爱丁堡，1999—2004 年

—

恩里克·米拉列斯（1955—2000 年）和贝内代塔·塔利亚布（生于 1963 年）

—

一个王国若想宣示自己的身份，以与其占主导地位的"邻居"形成鲜明对比，其议会大楼就要肩负重担。该建筑明确参考了苏格兰景观及文化，创造了复杂的装饰，但它并不总是受到青睐，因为其象征意义接近庸俗。加泰罗尼亚建筑师的民族背景与苏格兰有许多相似之处，就像查尔斯·麦金托什和安东尼·高迪被归为一类一样。

卡特里娜小屋，2005 年

—

玛丽安娜·库萨托（生于 1974 年）

—

2005 年的卡特里娜飓风之后，库萨托参与了一个应急设计练习项目，该项目由安德烈斯·杜安尼组织，他是新城市主义的创始人之一。联邦政府当时送来了金属拖车作为救灾住房，杜安尼建议库萨托设计一座传统的木屋，既便宜又能够适应气候变化，还可以在任何遭到破坏的地块上用作扩建的核心。密西西比州已经建造了 2800 座卡特里娜小屋，这种设计作为家庭附属建筑大受欢迎。

2 万美金小屋，亚拉巴马州，2009 年

—

乡村工作室：创始人塞缪尔·莫克比
（1944—2001 年）

—

莫克比是土生土长的密西西比州人，受民权运动的影响，他的设计和教学生涯致力于扶持贫困群体。1992 年，他与 D. K. 鲁斯在亚拉巴马州（莫克比在此任教）创立了乡村工作室，从而"让每个学生都能跨过错误观点的门槛，带着服务社区的'道德感'去设计或建造"。乡村工作室的建筑中经常使用受捐和回收的材料，包括干草包、地毯和汽车轮胎。

克赖斯特彻奇纸教堂，新西兰，2013 年
—
坂茂（生于 1957 年）
—
坂茂对纸板管的应用既体现出智性，也体现出人道主义和生态主义。由于纸板常常在使用后被丢弃，所以在自然灾害后，它们可以作为廉价的建筑材料。坂茂在土耳其和卢旺达专门从事这项工作，他为 2000 年汉诺威世界博览会设计的日本馆也是用纸板制作的。2011 年的克莱斯特彻奇地震损坏了这座维多利亚时期的大教堂，而这个临时的纸板替代物是该城市震后的第一座大型建筑。

10

高技与低技

1975—2014 年

威利斯·法伯和杜马斯大厦，伊普斯威奇，萨福克郡，英格兰，1971—1975 年

—

福斯特建筑事务所：诺曼·福斯特（生于1935 年）

透视图：赫尔穆特·雅各比（1926—2005 年），1972 年

—

赫尔穆特·雅各比使用钢笔绘制的细致入微的透视图在 20 世纪 50 年代受到美国建筑师的欢迎。当诺曼·福斯特找他绘制自己最著名的早期建筑时，他已经退休了。图中下垂的植被使人联想到豪华酒店或机场，尽管这些植被并不真实存在于建筑的中庭，自动扶梯取代了标准的直梯和楼梯。

建筑的高技派在 20 世纪 70 年代和 80 年代被誉为现代主义的真正继承者。这是一场起源于两次世界大战之间的运动，体现于玻璃之家（理查德·罗杰斯在巴黎建造蓬皮杜中心时知道了这座建筑）和位于克利希的民众之家等建筑中，民众之家的工程技术奇才让·普鲁维影响了蓬皮杜中心的设计，并在规划蓬皮杜中心时为建筑师伦佐·皮亚诺和理查德·罗杰斯提供了建议。在轻钢框架内建造大的、无差别的空间，且屋顶空隙承载着用于服务的管线，这一想法后来在科技发达、思想自由的加利福尼亚州为高技派提供了一个基本原则——将此前隐藏的建筑元素显露出来，让它们成为某种装饰。金属框架和覆面与玻璃板用夹子或螺丝互相连接，这些玻璃板在其中如同汽车挡风玻璃般嵌入氯丁橡胶槽内，这种精确性摆脱了混凝土浇筑建筑或砖砌建筑的混乱，鲜艳的色彩也迎合着当时流行的波普艺术。

诺曼·福斯特等高技派建筑师都是激进的思想家，他们认为自由开放的室内空间比当时办公楼中彼此分隔的格子间更令人愉悦且更能体现平等。这种风格对工程支柱和电缆的展示让人联想到早期的航空事业，因此现在仍是机场航站楼设计的热门选择。

另一方面，高技派成为现代主义外衣下的一种炫目的装饰风格，这在埃娃·伊日奇娜的一系列时装和珠宝店设计中可见一斑。与高技相对应的，我们可以称其为低技或绿色科技。随着建筑行业开始正视对节约能源和资源的需求，高技运动也加入了更广泛的绿色建筑运动。一些 20 世纪 70 年代在伦敦从小型公司起步的大型事务所，如尼古拉斯·格雷姆肖和迈克尔·霍普金斯创立的建筑事务所，就将绿色建筑作为他们建筑实践的理念。英国最狂热的绿色建筑师之一比尔·邓斯特在霍普金斯建筑事务所开始他的职业生涯，随后独立创业，开设了典范性的贝丁顿零碳社区住宅项目。邓斯特和杨经文都是高层节能建筑的倡导者，并且都希望利用街道上的风能和建筑内部上升的热能。更具戏剧性的是，斯坦法诺·博埃里的垂直森林展现了城市街道上的高空绿化是多么令人耳目一新。

不过绿色建筑还有许多其他的策略。有些是对原有建筑的再利用，比如舍兰德–达·克鲁兹事务所的朴素的建筑师办公室，还有一些是对世界各地建筑中的集装箱的回收利用。赫尔佐格和德梅隆建筑事务所设计的丹麦乡村的新北西兰岛医院是一栋低矮的、呈连续三叶草形状的建筑，在郁郁葱葱的景观环境中，自然不仅是建筑物的资源，也对患者的健康有益。

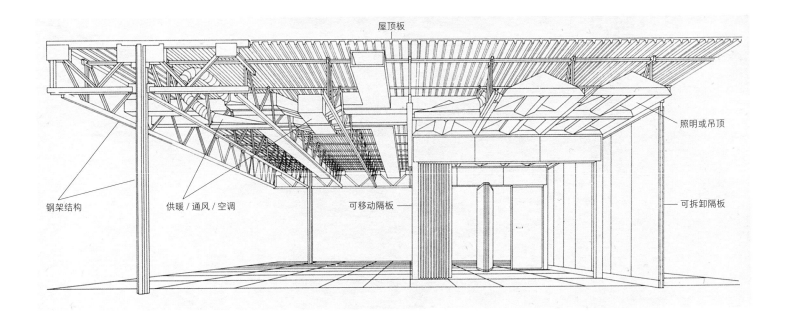

屋顶板

照明或吊顶

钢架结构

供暖／通风／空调

可移动隔板

可拆卸隔板

加利福尼亚州学校系统设计，1964 年

—

埃兹拉·埃伦克兰茨（1932—2001 年）

—

这一建筑系统与 20 世纪 40 年代英国赫特福德郡的学校建筑系统（见第 170 页）有一些共同点，它利用了轻质桁架结构与屋顶之间的空间，空间高度足以容纳所有设施（电线、管道、照明），使这些设备既能够显示出来，又便于维修和更换。这项发明是福斯特和罗杰斯等人的高技派设计的基础之一。

伊姆斯住宅，北肖托夸林荫大道 203 号，太平洋帕利塞德，加利福尼亚州，1949 年

—

查尔斯·伊姆斯（1907—1978 年）和蕾·伊姆斯（1912—1988 年）

—

在 1945 年与埃罗·沙里宁一起设计了一个由工业部件建造的、更为传统的现代住宅后，伊姆斯夫妇倾向于使用相同部件的简化方案，这就是案例研究住宅 8（参见第 175 页）。黑色钢架中的彩色面板是其建筑外观的特点，而内部则是一个光线充足的开放空间。

威利斯·法伯和杜马斯大厦，伊普斯威奇，萨福克郡，英格兰，1971—1975 年

—

福斯特建筑事务所：诺曼·福斯特（生于1935 年）

—

诺曼·福斯特和理查德·罗杰斯在职业生涯早期放弃了传统的"湿式"混凝土浇筑建筑，设计了卡扣式连接的建筑。这需要在美学目标的驱动下进行技术创新。出于经济上的考量，威利斯·法伯和杜马斯大厦顺应了场地的形状，使用了白天反光、晚上透明的玻璃材料。它使商业建筑这一概念重获魅力。

蓬皮杜中心，博堡广场，巴黎，1971—1977 年

—

伦佐·皮亚诺（生于 1937 年）和理查德·罗杰斯（1933—2021 年）
工程师：奥雅纳公司的彼得·赖斯（1935—1992 年）

—

蓬皮杜中心集合了 20 世纪 60 年代对新颖性和重塑体系的热忱，旨在适应所有人——就像一座博物馆一样。伦佐·皮亚诺的设计方案在竞赛中胜出，并在执行过程中进行了了务实的修改，即以彼得·赖斯发明的钢制"格贝尔网格架"（gerberette）来支撑建筑结构。这一观念的神韵赢得了公众的青睐，因为它提出了文化是有趣的，并将所有服务设施放在外部作为一种装饰形式——虽然这种做法在很大程度上是不必要的，但却具有娱乐性。

康明斯发动机厂，肖茨，格拉斯哥，1980 年

—

ABK 建筑公司：彼得·阿伦茨（生于 1933 年）、理查德·伯顿（1933—2017 年）和保罗·科拉莱克（1933—2020 年）

—

康明斯公司是一家美国发动机公司，曾委托过大量建筑项目。1965 年，这家公司委托埃罗·沙里宁的继任者凯文·洛奇在达灵顿建造他们在英国的第一家工厂，随后又委托 ABK 建筑公司负责一家纺织厂的改造项目，使工人可以看到工厂外的景观。这座发动机厂使用混凝土、金属框架玻璃和彩钢，在概念上与高技派相似。虽然它在 1996 年被废弃，但得到了保护和再利用。

**圣埃克絮佩里站（原萨托拉斯站），里昂，
1989—1994 年**

—

圣地亚哥·卡拉特拉瓦（生于 1951 年）

—

这个站点连接着机场和高速列车，展示了
这位西班牙建筑师和工程师设计的令人难
忘的结构，这些结构通常宛如巨大的动物
骨骼。20 世纪 90 年代，卡拉特拉瓦在世
界各地设计的桥梁（包括在都柏林和威尼
斯的案例）引起了公众的情感共鸣。

**关西国际机场一号航站楼，大阪，
1991—1994 年**

—

伦佐·皮亚诺建筑工作室：伦佐·皮亚诺
（生于 1937 年）和冈部宪明（生于 1947 年）
工程师：奥雅纳公司的彼得·赖斯（1935—
1992 年）和汤姆·巴克（生于 1966 年）

—

这座位于海中人工岛上的航站楼是一个颇
具争议的项目，它是当时世界上最长的航
站楼，率先采用了彼得·赖斯设计的机翼
式屋顶帮助自然通风，这一设计使航站楼
不再需要通风管道，从而展现出曲线的形
状。从售票厅和出发层可以一目了然地看
到机场跑道。

**商业银行大厦，法兰克福，
1991—1997 年**

—

福斯特建筑事务所：诺曼·福斯特（生于
1935 年）

—

在规划这栋大厦时，绿党在市政府中颇有
影响力，并鼓励采用新的方式来建造办公
大楼。这栋大厦覆有双层玻璃，空气可以
在中间循环；楼内还有三座"空中花园"，
里面种植着树木和其他植物，使建筑环境
更加宜人，也使自然光能够深入楼层。大
厦平面呈三角形，转角处设有电梯和楼梯。

高技与低技

阿拉伯世界文化中心，福赛-圣贝尔纳街，
巴黎，1981—1987 年
—
建筑工作室（成立于 1973 年）和让 · 努
维尔（生于 1945 年）
—
阿拉伯世界文化中心成立于 1981 年，旨在
传播关于阿拉伯世界文化的信息。努维尔
的建筑方案在竞赛中获胜，这也是他的第
一个大型项目。朝南的巨大墙面上的令人
难忘的装置构成了楼体的遮阳板，这些遮
阳板用穿孔的金属板制成，它们可以根据
光照情况开启或关闭。这一设计使建筑具
有阿拉伯特征，而不是简单地复制历史。

斯伦贝谢-古尔德研究中心（第一阶段），剑桥，英格兰，1992 年

—

霍普金斯建筑事务所：迈克尔·霍普金斯（1935—2023 年）和帕特里西亚·霍普金斯（生于 1942 年）

—

迈克尔·霍普金斯为诺曼·福斯特工作，是威利斯·法伯和杜马斯大厦（见第 230页）的项目建筑师，他在另一层面上发展了高技派的原则。斯伦贝谢-古尔德研究中心的屋顶使用了由悬索牵拉的特氟龙布（聚四氟乙烯涂覆玻璃纤维布），建筑包含彼此独立的内部结构，人员可在其间自由穿梭，促进了员工之间的互动，并为建筑测试钻井设备的功能提供了足够的高度。研究中心在夜间将会亮灯，为剑桥西部边缘地区增添了吸引力。

博德斯商店（原博德斯和邓索恩珠宝店），洛德街，利物浦，2004 年

—

埃娃·伊日奇娜（生于 1939 年）

—

作为一名建筑师，埃娃·伊日奇娜在年轻时从布拉格移居伦敦。20 世纪 80 年代，她在伦敦为时尚设计师约瑟夫·埃泰德吉设计了一系列商店的内部装潢，并因此成名，这些设计使高技派风格与奢侈品和消费主义联系起来。当时，成立于 1798 年的利物浦珠宝商博德斯和邓索恩正在多个城市发展分店，这些店面均使用伊日奇娜的设计来塑造现代形象，其中包括利物浦总店里这座惊艳的楼梯。

242

高技与低技

梅那拉-梅西加尼亚大楼,梳邦再也,
雪兰莪,马来西亚,1989—1992 年
—
杨经文（生于 1948 年）

杨经文出生于马来西亚,但主要在英国接
受教育,他是研究如何减轻建筑对生态环
境影响的先驱,曾于 1995 年撰写了《用
自然设计》一书。最大限度地利用自然的
遮阳和通风,可以避免使用机械空调这一
温室气体的主要来源。梅西加尼亚大楼是
一座"生物气候学摩天大楼",和福斯特
在法兰克福的作品一样,它也开拓性地采
用了空中平台,并优化了采光问题。这座
大楼使用电梯井遮挡办公楼层,便于向上
通风,并在屋顶上设有蒸发冷却池。

244

贝丁顿零碳社区，伦敦路，海克布里奇，萨里郡，英格兰，2000—2002 年

—

比尔·邓斯特建筑事务所 / 零碳工厂：比尔·邓斯特（生于 1960 年）

—

贝丁顿零碳社区是一个示范项目，建筑师致力于帮助人们全面减少生态足迹，将家庭的低能耗与减少出行和食品中的碳排放结合起来。建筑的露台部分交错复杂，包括 82 户人家。每个空间配置各异，都面向阳光且有独立的户外空间，生活及工作的空间则在阴面。热交换通风罩和光伏板意味着居民只需支付很少（甚至不需要支付）冬季取暖的费用。他们还可以使用共享的电动汽车。

城市住宅，2014 年

—

无印良品（成立于 1979 年）

—

国际设计品牌无印良品（"无品牌商品"的简写）在 2000 年针对日本市场推出了第一座住宅，它的文化是为每个新主人翻修旧房子。在不改变这种模式的前提下，这座无印良品住宅通过提供更便宜的预制解决方案来帮助人们。图中的城市住宅通过省略隔断和使用分层，使小于 37 平方米的占地面积实现了利用的最大化。建筑外部有着优良的隔热性，降低了供暖成本。

垂直森林，加埃塔诺·德·卡斯蒂利亚大道和费德里科·孔法洛涅里大道，新门，米兰，2009—2014 年

—

斯坦法诺·博埃里（生于 1956 年）、贾南德雷亚·巴雷卡（生于 1969 年）和乔瓦尼·拉·瓦拉（生于 1967 年）

—

米兰有在屋顶平台上种植树木的传统。城市中的树木的益处是众所周知的，它可以增加生物多样性、改善空气质量、缓解"城市热岛效应"、提升精神健康。垂直森林将这一传统扩展到高层建筑的所有楼层，两座住宅塔楼中约有 730 棵树以及灌木和其他植物，这相当于 1 公顷的林地。

绿色大道，东 156 街布鲁克大道 700—704 号，布朗克斯，纽约，2006—2012 年

—

达特纳建筑事务所：创立者理查德·达特纳（生于 1937 年）
格里姆肖建筑事务所：创立者尼古拉斯·格里姆肖爵士（生于 1939 年）

—

作为经济实惠、低能耗的城市住房设计竞赛的冠军，绿色大道关注城市居民的健康问题，它位于南布朗克斯区一个狭窄的三角形地块上，该地区以贫困和城市衰败而闻名。其中的建筑从低处的联建住宅到 20 层高的公寓，屋顶花园呈螺旋式上升，可用来种植粮食、收集雨水、提供隔热，并用作社区空间。交叉通风减少了对空调的需求。

耶鲁大学环境学院，纽黑文，康涅狄格州，2009 年
—
霍普金斯建筑事务所：迈克尔·霍普金斯（1935—2023 年）、帕特里西亚·霍普金斯（生于 1942 年）
森特布鲁克建筑事务所（成立于 1973 年）
—
环境学院结合了霍普金斯建筑事务所的两大专长：针对环境敏感区的情境设计，以及对比尔·邓斯特在 20 世纪 90 年代时开创的节能系统的集成。石头覆面的墙体与旁边常春藤联盟学校的哥特式建筑相匹配，而驼峰式屋顶则对应了埃罗·沙里宁设计的冰球馆。这座建筑使用了耶鲁大学自有森林的木材，具有供暖、制冷功能和可重复利用的特点，还有用于减少对这座建筑和邻近建筑用户影响的花园与设施。

河滨工作室，皇家利明顿温泉，英格兰，
2013 年
—
舍兰德-达·克鲁兹事务所：玛丽亚·舍
兰德（生于 1967 年）和马可·达·克鲁
兹（生于 1968 年）
—
与国际知名项目相比，这座建筑师办公
室展示了一栋平平无奇的农业建筑是如
何保留下来的（且没有破坏原本结构中的
活力），并被"改变用途"以创造出一个
舒适、低能耗的工作空间。河滨工作室用
松木板包覆，按照被动式建筑节能技术
（Passivhaus EnerPHit）的标准建造。投入
日常使用的老旧建筑往往在能源方面效率
很低，对其进行改造迫在眉睫。

新北西兰岛医院，希勒勒，丹麦，2014 年
至今
—
赫尔佐格和德梅隆建筑事务所：雅克·赫
尔佐格（生于 1950 年）、皮埃尔·德梅
隆（生于 1950 年）、克里斯汀·宾斯旺格
（生于 1964 年）、阿斯坎·梅根塔勒（生
于 1969 年）和斯特凡·马尔巴赫（生于
1970 年）
威廉·劳里岑建筑事务所：创立者威廉·
劳里岑（1894—1984 年）
—
赫尔佐格和德梅隆在巴塞尔成名，他们最
初喜欢克制的极简主义风格，但随着时间
的推移，他们在形式和材料上变得更具表
现力。这座医院被自然所包围，中心包含
一个花园，起伏的线性形式模仿了周围的
景观。水平展开的建筑促进了医院各部门
之间的交流，体现出员工的共同目标：治
愈患病之人。

Le Utthe 时装店，拉普拉塔，阿根廷，2015 年

—

BBC 建筑事务所（成立于 2012 年）

—

钢制集装箱是一种全球性的实用产品，虽然它们在原始使用中会遭磨损，但仍可实现居住和储存的功能。这家时装店靠近港口，希望有一个工业风格的外观，因为他们所有的库存都是自己生产的。箱体被抬起以体现其最初的用途，购物者可以进入箱体中浏览商品和使用更衣室。

11

—

地标、超级
明星与全球
品牌

—

1980–
2014 年

—

丹尼尔·里伯斯金（生于 1946 年）

—

丹尼尔·里伯斯金的出版物《房间作品》由伦敦建筑联盟学院赞助，在阿尔文·波亚斯基的领导下，雷姆·库哈斯和扎哈·哈迪德等学生获得了极大的自由，脱离了对实际应用、结构或重力的要求的束缚，他们喜爱绚丽而晦涩的绘图，展现出巨大的难度和技巧。里伯斯金称这些绘图"漂流在现实和梦想之间的无人之地、未知之境"。

在过去一百年的大部分时间里，只有几位建筑师为人所知，这与体育或音乐明星的普及度形成了鲜明对比。20 世纪 60 年代末的现代主义危机的后果之一，就是让一些人认为更吸引眼球的设计（其中包含了与 20 世纪中叶许多出于社会动机的设计师格格不入的个性热潮）可能对他们的职业和自身有所助益。事实证明确实如此。悉尼歌剧院使其设计师在 20 世纪 50 年代获得了毁誉参半的名声；但在 20 世纪 80 年代和 90 年代，了解不寻常形状的吸引力的建筑师在世界各地掀起了建筑热潮，其中思想严谨的一派以彼得·艾森曼为代表，而在大众流行的层面上，弗朗索瓦·密特朗在巴黎的"伟大工程"则令其他城市相形见绌。

"地标"（icon）一词出现在 20 世纪 90 年代，最常用于描述悉尼歌剧院之后的文化地标。"毕尔巴鄂"不再只是西班牙巴斯克地区的一座城市，而是对一个带着创造旅游收入的愿景突然出现在一座艰难维持的后工业城市的地标建筑的简称。无论在城市还是他本人的层面，弗兰克·盖里的原创性设计都在商业上取得了成功，并且催生了许多对他的作品的模仿。

21 世纪初，大多数现代建筑都与照相机结盟，以实现其说服他人的使命。超级明星建筑师乐于创造简单的形象，并冠之以种种绰号，例如 2008 年北京奥运会的主体育场被称作"鸟巢"，近年来在伦敦兴建的新奇的摩天大楼也是如此。不是摄影术发生了改变，而是可轻松获得的图片数量和它们的传播速度随着互联网在 20 世纪 90 年代的普及开始改变，也正是这一时期，一种独特的"地标"建筑产生了。

地标建筑并没有官方定义，和本章提及的建筑一样，本书其他章节中出现的许多建筑可能且可以被归为地标建筑，但某些建筑师的名字却与这一现象密切相关。地标热潮在很多方面上都是一种使更多想象力和创作自由回归建筑的方式，比如威廉·艾尔索普的作品（他的设计通常从绘画开始）；或者盖里的作品，他将起皱的纸张通过计算机编码转变为用于施工的建筑模型。在柏林的犹太博物馆的建造中，其主题需要一种敏感而又贴切的图像，丹尼尔·里伯斯金建造的这栋建筑在形式上非常复杂，但参观者仍然可以将其理解为一种体验。雷姆·库哈斯、扎哈·哈迪德和里伯斯金是同代建筑师，并且都曾在一个卓越的时期求学伦敦，他们的作品遍布世界各地。这些作品现在可以通过"参数化设计"支持，利用计算机算法生成复杂的曲面，这一方式的倡导者认为这预示着设计的新时代。

**卫克斯那艺术中心，俄亥俄州立大学，
1983—1988 年**

—

彼得·艾森曼（生于 1932 年）

—

20 世纪 70 年代，艾森曼通过重新利用一些早期现代主义的主题，将建筑及其讨论发展为最大限度地脱离日常性和实用性的形式，以使其转化为复杂的抽象形式游戏的组成部分，这一形式游戏后被称为"解构主义"。卫克斯那艺术中心是艾森曼的第一座大型建筑，其中以不同角度重叠的网格结构鲜明地体现出他的观点："建筑不是回答问题，而是提出问题；它不能解决问题，而是创造问题。"

**毕尔巴鄂古根海姆博物馆，
1981—1997 年**

—

弗兰克·盖里（生于 1929 年）

—

毕尔巴鄂古根海姆博物馆是一座典型的"地标"建筑，它令人难忘、引人注目，并有效地促进了当地文化旅游业的发展。该建筑从弗兰克·劳埃德·赖特设计的纽约古根海姆博物馆中获得了曲线的灵感，摒弃了笛卡儿式的网格思维，采用直觉性的造型方案。虽然看起来很随意，但它与河流、山丘和城市的实体语境都密切相关，外部的钛板还反射着环境光。这座建筑的建造过程是通过原本用于飞机的计算机程序实现的。

犹太博物馆，柏林，1989—2001 年

—

丹尼尔·里伯斯金（生于 1946 年）

—

里伯斯金曾说过："假如没有故事存在，那么（建筑）只是一大块金属、玻璃和混凝土……每一座建筑和城市都应该有一个故事——关于生活和人的故事。否则，一座建筑就仅仅是一件物品，一个抽象概念。"在这座有着碎片化的银色外壳的柏林建筑内，通常令人不适的且非常规的空间的体验构成了最初的游客体验，他们之后会走上更高的楼层参观更常规的博物馆展品。对叙事的坚持让人联想到 19 世纪公共建筑的说教性概念。

地标、超级明星与全球品牌

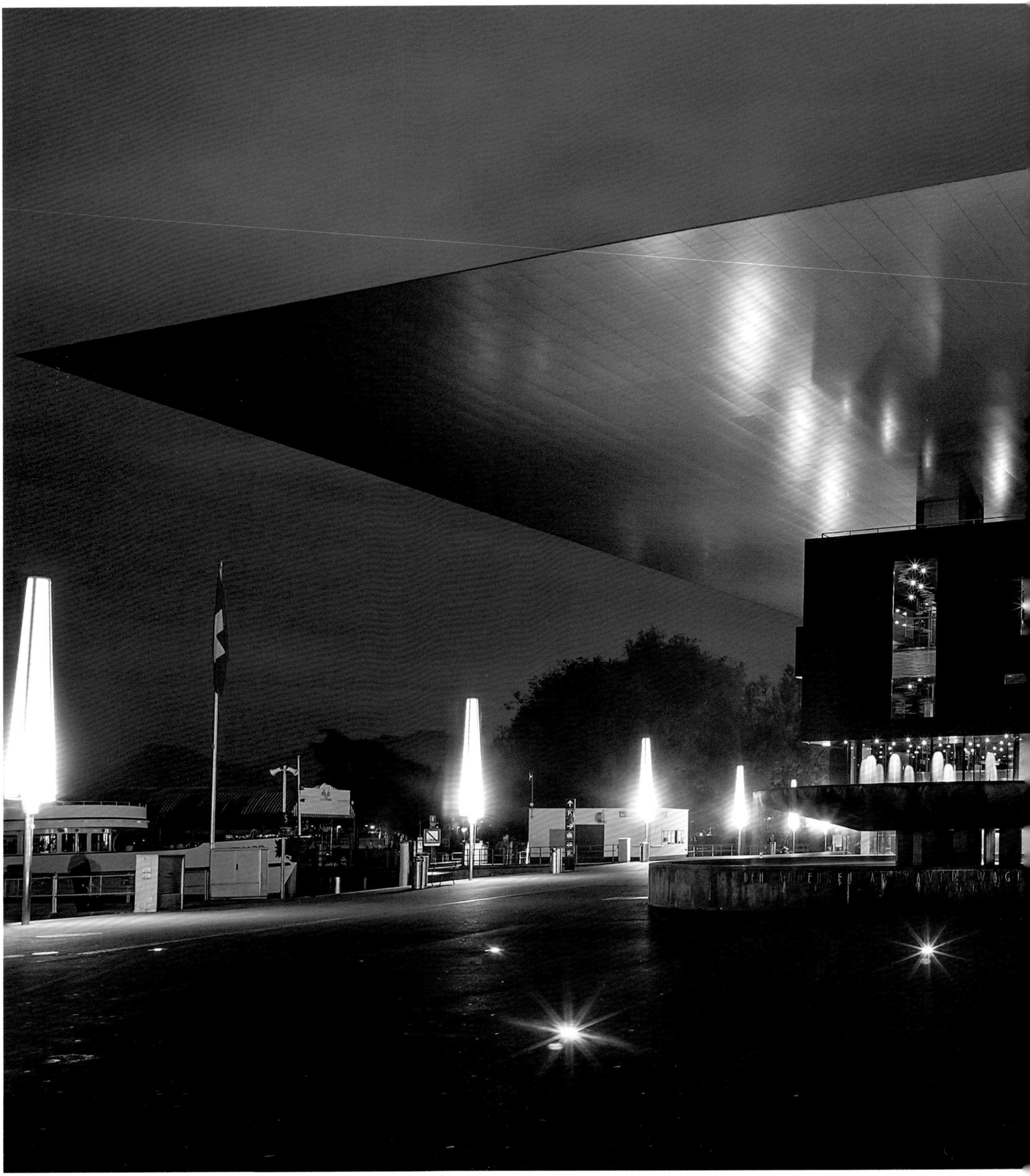

文化和会议中心，欧罗巴广场，卢塞恩，瑞士，1993—2000 年

—

让·努维尔工作室

—

这处水边的音乐厅建筑群有着挑出的屋顶，其铝制底部反射着光线，映出了远处的风景，并将这座包括了一个会议中心和一个当代艺术博物馆的建筑群的不同部分联合在一起。在这个顶篷下，建筑结构的各个元素都采用了不同的颜色。

仙台媒体中心，日本，1995—2000 年

—

伊东丰雄（生于 1941 年）

—

伊东丰雄对密集城市和城市生活的潜力十分着迷。仙台媒体中心象征着对传统公共图书馆的扩展，使之成为一个聚会场所和社交中心。在仙台，伊东丰雄将建筑全貌开放给公众，13 根钢制格柱的每一根都具有不同的图案，它们摇摆、膨胀、收缩着穿过各个楼层。外墙采用了全玻璃幕墙，使建筑在夜间具有最大的透明度，兼顾了象征性和实用性的要求。

格拉茨艺术馆，奥地利，2003 年

—

彼得·库克（生于 1936 年）和科林·福尼尔（生于 1944 年）

—

1963 年，库克参与创立了建筑电讯派，该团体因几乎没有名下的建筑而闻名。然而，库克古怪且挑衅性的想法现在已经成为学术界的正统。从事教学工作多年之后，库克得以建成一座具有多媒体中心功能的建筑——格拉茨艺术馆。屋顶上的仿生形态喷嘴是天窗，蓝色的亚克力覆面可以用来展示数字艺术作品。

256

波尔图音乐厅，1999—2005 年

—

雷姆·库哈斯（生于 1944 年）、大都会建筑事务所（成立于 1975 年）和奥雅纳公司（成立于 1946 年）

—

库哈斯和他的老师之一埃利亚·曾赫利斯都是 1975 年大都会建筑事务所的创立者之一，在 1987 年建造荷兰舞蹈剧场之前，他们只是在创作"纸上建筑"。令人震惊的是，库哈斯欣然接受了当代城市生活的浮躁。从外部来看，波尔图音乐厅是一座不规则的白色建筑，包含三个管弦音乐厅；而在内部，经常与库哈斯合作的佩特拉·布莱斯设计了带有图案的窗帘及主音乐厅墙面上的巨大木纹，这些木纹使用金箔展现。

**梅赛德斯-奔驰博物馆，斯图加特，
2001—2006 年**

—

**联网建筑设计：创始人本·范伯克尔（生于
1957 年）和卡罗琳·博斯（生于 1959 年）**

—

联网建筑设计成立于 1988 年，并在 20 世
纪 90 年代促进了荷兰建筑的复兴，当时
新一代建筑师以复杂的几何形状回应了沉
迷于网格元素的民族文化。梅赛德斯-奔
驰博物馆矗立在企业工厂的门口，其形状
让人想起偏心旋转的汪克尔发动机。两条
穿过空间的路线形成了一个下降的双螺
旋，对应着单独探索和交叉探索这两种对
叙事的解读。

**21 世纪艺术博物馆，圭多 · 雷尼大道，
罗马，1998—2009 年**

—

扎哈 · 哈迪德（1950—2016 年）

—

扎哈 · 哈迪德出生于伊拉克，在伦敦建立
自己的工作室之前曾在大都会建筑事务
所工作。她的设计以几何学为基础，灵感
来自俄国革命时期的反古典主义形式，她
十分喜爱流动的空间，而这座博物馆就十
分理想地体现了这一观念。哈迪德称这座
博物馆 "不是一个物品的容器，而是一个
艺术的校园"。和毕尔巴鄂的案例（见第
252 页）一样，建筑的壮丽性限制了它能
够成功展示的其他内容，二者之间存在着
冲突。

布兰德霍斯特博物馆，慕尼黑，2005—2009 年

—

索尔布鲁赫-赫顿建筑事务所：马蒂亚斯·索尔布鲁赫（生于 1955 年）和路易莎·赫顿（生于 1957 年）

—

21 世纪艺术博物馆在开馆之前并没有藏品，与之不同，布兰德霍斯特博物馆则是为了展示一批捐赠给德国巴伐利亚州的私人收藏而建造的。单调的直线型墙面上装饰着立体的陶土棒，这种新颖的方式为墙面注入了活力。不同颜色的陶土棒在经过多次尝试之后巧妙地混合在一起，创造出柔和的闪光效果。色彩是这两位分别来自德国和英国的建筑师的作品中经常出现的主题，也是许多建筑师希望借以摆脱现代主义循规蹈矩的高品味的方式。有时，这种做法的结果是粗劣或平庸的，但布兰德霍斯特博物馆展示了一种经过深思熟虑的方法的潜力。

汤山方山国家地质公园博物馆，南京，中国，2014 年

—

奥迪尔·德克（生于 1955 年）工作室

—

这座博物馆记录了直立人物种的兴起，并展示了这一重要考古遗址的发掘成果。其建筑形式来源于远处山丘的形状，产生了一种延绵不断的感觉。与近期许多博物馆青睐的陡然出现的梯段变化不同，这座博物馆有一条坡道，这一设计显然考虑了无障碍性以及策展需求。

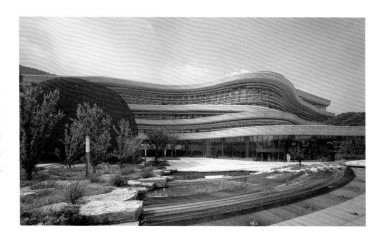

地标、超级明星与全球品牌

**布歇–罗讷省政府大楼（碧海蓝天），
马赛，1991—1994 年**

—

艾尔索普和施特默建筑事务所：威廉·艾
尔索普（1947—2018 年）和扬·施特默
（生于 1942 年）

—

凭借其冲压成形般的截面、大量的色彩运
用和呈夹角的支撑结构，碧海蓝天在 156
件参赛作品中脱颖而出，为以小型项目起
家的威廉·艾尔索普建立了声誉。这预示
着英国方法正在国际上逐渐扩大影响。艾
尔索普和他当时的德国合伙人扬·施特默
看到了地方政府机构的平凡建筑的潜力，
在其中注入了一丝非理性和洒脱的气质，这
正是艾尔索普的导师——富有远见但极具
争议的英国建筑师塞德里克·普赖斯——
的特点。

**里昂信贷银行大厦（现里尔塔），欧洲里
尔商业区，里尔，1991—1995 年**

—

克里斯蒂安·德·包赞巴克（生于 1944 年）

262   德·包赞巴克是第一位获得普利兹克奖
（对"地标性"地位的认证）的法国人，
他代表了法国 1968 年后的一代人，这一
代人也是密特朗的"伟大工程"和巴黎棕
地改造的受益者。这些改造项目中就包含
了维耶特公园所在的原本是一处屠宰场的
地块，德·包赞巴克在那里建造了他的音
乐之城。这座位于欧洲里尔的建筑形式受
到此地各种限制的影响，它横跨铁轨，其
中的办公室朝向里尔市。

**横滨国际客运中心，日本，
1995—2002 年**

—

外国办公室建筑事务所：法希德 · 穆萨维（生于 1965 年）和亚历杭德罗·扎拉-波洛（生于 1963 年）

—

外国办公室建筑事务所是由一对夫妻组成的建筑团队，运营于 1993—2011 年。赢得横滨国际客运中心的竞赛使他们建立了声誉，也实现了迄今为止最令人称道的空间复杂的折叠式建筑之一，这一点在许多著作中都有所预示，但在计算机辅助设计及施工出现之前，实现这一目标要困难得多，成本也更高。停车场、行政管理部门和上层观景台之间的坡道变化自然而然地解决了人们顺畅通行的需求，这一设计也将坡道转化成了一种有趣的体验。

圣依纳爵教堂，西雅图大学，1994—1997 年

—

斯蒂文 · 霍尔（生于 1947 年）

—

西雅图的耶稣会教堂确立了霍尔对作为建筑元素的光线的关注，这种想法受到了现象学中内在的、反思性哲学的影响。无法看到源头的光线有时会通过彩色玻璃进入室内，这不可避免地让人联想到勒 · 柯布西耶的朗香教堂（见第 128 页）。尽管和高技派或更具展示性的后现代主义时期相比，20 世纪 90 年代的人们对柔和的建筑意识形态更感兴趣，这样的联想偶尔还是对霍尔不利。

荷兰馆，2000 年世界博览会，汉诺威，1997—2000 年

—

MVRDV 建筑事务所：韦尼·马斯（生于 1959 年）、雅各布·范里斯（生于 1964 年）和娜莎莉·德·弗里斯（生于 1965 年）

—

世界博览会一直都在为引人注目的建筑实验提供机会，这一次的世界博览会将千禧年与以"人类—自然—技术"为标题的未来设想项目联系在一起。荷兰馆以"荷兰创造空间"为主题，展示了荷兰改造自然的国家传统以及分层结构的潜力，这种结构使建筑表面可用于种植花草和树木。有 35 棵橡树的林区是其中最壮观的部分。

**婆罗洲-斯波伦堡住宅，阿姆斯特丹，
1993—1996 年**

—

West 8 城市规划与景观设计事务所：阿德
里安·戈伊策（生于 1960 年）和保罗·
范比克（出生年份未知）

—

虽然 West 8 的景观建筑实践反对传统的
高密度城市，并主张将人口引向乡村，但
位于旧码头区的婆罗洲-斯波伦堡住宅的
规划重塑了荷兰垂直的"运河住宅"类型。
这一规划在整体的限制下允许进行个性化
改变，鼓励屋顶露台的使用。这处住宅的
密度为每公顷 100 个单元。

266

"自由"社会住房及办公楼，格罗宁根，
荷兰，2009—2011 年
—
多米尼克·佩罗（生于 1953 年）
—
佩罗因在新建的法国国家图书馆中使用塔
式书架而闻名。为了解决城市扩张问题，
佩罗受格罗宁根市政府委托，开发了一种
多功能塔楼的新形式。这座建筑的下部为
办公用房，上部为社会住宅，由一个开放
区域分隔。与当时的许多其他建筑一样，
建筑立面上有着丰富的由形状、色彩、光
影等构成的图案。

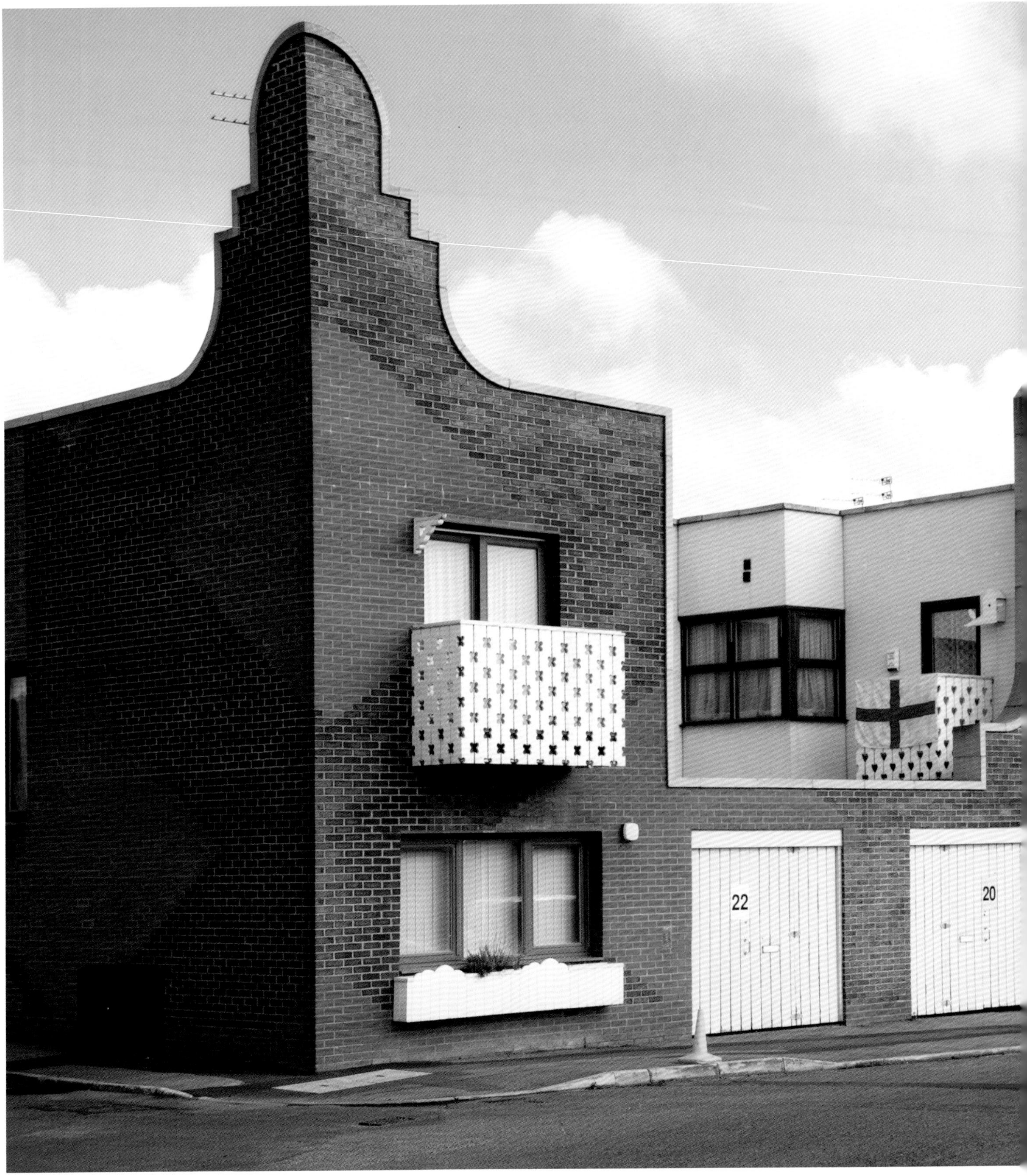

22
20

新伊斯灵顿住宅，伊斯灵顿广场，曼彻斯特，2006 年

—

时尚建筑品味（FAT）：肖恩·格里菲斯（生于 1966 年）、查尔斯·霍兰德（生于 1969 年）和山姆·雅各布（生于 1970 年）

—

在 FAT 成立的 1995 年，后现代主义被大多数建筑师和评论家视为当时不可提及的异类。FAT 对此表示反对，他们开始用个性化的涂鸦式外墙设计为自己的项目增添活力，并成功地吸引了媒体的关注。在新伊斯灵顿住宅开发项目中，FAT 咨询了居民的生活方式和要求，并体现在房屋的平面布局中。立面设计是对传统的、广为流行的英式城市露台的又一次重塑。

地标、超级明星与全球品牌

美因茨市场大楼，德国，2003—2008 年

—

马希米拉诺·福克萨斯（生于 1944 年）
和多莉安娜·福克萨斯（生于 1955 年）

—

这座市场大楼位于美因茨历史悠久（或者
说仿佛历史悠久）的市中心，集办公、零
售和居住功能于一体。白色柱子穿过中庭
地板上的仿生样式的开口，部分暴露于外
部。由 5 厘米宽的陶瓷条组成的白色外壳
在部分位置打开以露出屋顶平台。福克萨
斯曾评价说："我并不畏惧环境，但我认
为你不能忽略那些已有的东西而在一座城
市的中心进行修建。"

世界贸易中心一号大楼，纽约，2006—2014 年

—

SOM 建筑设计事务所：大卫·柴尔茨（生于 1941 年），来自丹尼尔·里伯斯金（生于 1946 年）的竞赛设计

—

2001 年，由山崎实设计的世界贸易中心被毁，但这并没有阻止更高、更气派的摩天大楼在全世界的发展。对世界贸易中心的重建难以避免地充满了不适应这一商业驱动项目的象征性的期望。最终这座大楼的重建由开发商喜爱的建筑师执行，舍弃了里伯斯金的设计中的大部分特征。

利德贺大楼（"奶酪刨"），利德贺街 122 号，伦敦，2004—2013 年

—

RSHP 建筑事务所：项目建筑师格雷厄姆·斯特克（生于 1957 年）

—

1986 年，由理查德·罗杰斯设计的伦敦劳埃德大厦在利德贺街投入使用。20 年后，他的事务所又对其对面的地块进行重新规划，这里此前是一座 60 年代的密斯风格的塔楼。建筑规模上的对比体现出，福斯特建造瑞士再保险总部大楼（"小黄瓜"）之后，伦敦金融城允许建造的建筑已经高了很多。在建筑物的经济功效以及对伦敦天际线的影响还不确定的情况下，像"奶酪刨"和"小黄瓜"这样的名字有助于赢得公众支持。

12
—
受控的经验
—
1989—
2014 年

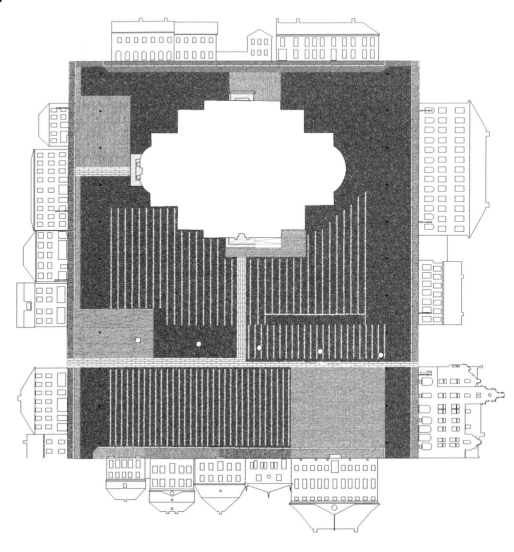

大广场重建方案，卡尔马省，瑞典，1999—2003 年

—

卡鲁索-圣约翰建筑事务所：亚当·卡鲁索（生于 1962 年）和彼得·圣约翰（生于 1959 年）
艺术家：伊娃·洛夫达尔（生于 1953 年）

—

亚当·卡鲁索曾写到，希望恢复到"在人行道、路缘石和马路出现之前，线性排列的石头是一片连续的田野，一直延伸并包围周遭的建筑"的状态。图中展示了这种对公共空间的回归在一座瑞典古城中的二维复原效果，其中不同的铺路材料巧妙地创建了自己的图案，并对应了此地早期的建筑。

21 世纪早期，建筑学讨论的重要分支之一便是伦理学和美学的交点，因为建筑师正是在这些存在已久的敏感性和专业性领域的结合中声明着自己的特殊地位。克制和良好品味与世界上几个主要信仰体系中占主导地位的道德观念相契合，而这些正是 1914 年之前现代主义建立的基础。根据这些原则而构思的建筑可以说是"反地标性"的，以避免过去 20 年中一些过于显而易见的形状和隐喻。低调可以比夸张更有力量，也更容易融入城市或乡村的环境中。无论是如同港口边的滑雪坡般的奥斯陆歌剧院的白色大理石，还是阿尔瓦罗·西扎设计的江苏省的化工厂的弯曲条带，或是伦敦政治经济学院新学生会大楼中转折和扭曲的砖块，外表呈现单一材质的建筑都很受欢迎。

在重点关注大地和天空的沉默的静谧之中，建筑物的始终如一让位于光线和人类活动的框架。卢浮宫在前工业城市朗斯的分馆由日本 SANAA 建筑事务所设计，是一件反毕尔巴鄂式的作品，它只有地板和天花板，这一点与 20 世纪 50 年代密斯·凡·德·罗的一些建筑不谋而合，但规避了密斯设计中的纪念性。罗布雷赫特与丹姆事务所设计的根特市场大厅不过是一个屋顶，却成了一个将公共空间聚集在一起的地方。同样，本章展示的许多建筑都是场所制造者——尤其是位于沃尔萨尔和韦克菲尔德的两座英国画廊，它们都被当成是再生的方式且均建于滨水区。

伦敦政治经济学院的大楼、根特的市场大厅和伊丹润设计的方舟教堂的屋顶都体现出各种重复图案形式的回归，这是对 2000 年以来一些著名建筑物中的建筑资料库的补充。由于与织物编织的图案类似，砖块再次成为受欢迎的建筑材料，这与戈特弗里德·森佩尔在 19 世纪提出的理论如出一辙，森佩尔指出，建筑起源于纺织，而非建筑物的结构框架。

尽管许多现代建筑的形象似乎都体现着财富和特权，但也有一些建筑物延续着现代主义的希望，即建筑能够让生活中的美好事物得到更均匀的分配。在这种情况下，泰国的学校以非资助式的方式帮助农村的贫困人口，迈克尔·马尔赞在洛杉矶贫民区为露宿街头的人设计的住宅则为那些被忽视的社会功能增添了魔力。从风格而非社会性上来看，马尔赞的设计中的堆积区块类似大都会建筑事务所在新加坡的翠城新景。这是出于理性的考量吗？不，但有些东西需要被记住，甚至会为现代生活的焦虑和乏味增添一抹微笑。

日间护理中心，贝格勒，吉伦特省，法国，1994 年

—

拉卡东和瓦萨尔建筑事务所：安娜·拉卡东（生于 1955 年）和让-菲利普·瓦萨尔（生于 1954 年）

—

1980 年，拉卡东和瓦萨尔在尼日利亚生活和工作，他们在那里对简单和朴素的结构之美产生了浓厚兴趣。这座建筑位于波尔多郊区的贝格勒，是一处面向 18—25 岁的青少年患者的精神疾病诊所，以开放性和轻盈感为目标进行规划和建设。朴素的工业构造让空间更加宽大。此后，事务所因大胆改造旧建筑而闻名，他们的改造项目还包括巴黎的一个艺术馆和一座住宅楼。

276 **戈兹美术馆，慕尼黑，1989—1992 年**

—

赫尔佐格和德梅隆建筑事务所：雅克·赫尔佐格（生于 1950 年）、皮埃尔·德梅隆（生于 1950 年）、克里斯汀·宾斯旺格（生于 1964 年）、阿斯坎·梅根塔勒（生于 1969 年）和斯特凡·马尔巴赫（生于 1970 年）

—

这座美术馆的建筑概念与展出的私人藏品（创作年代从 20 世纪 60 年代至今）的特点保持一致。木质结构建立在同样尺寸的钢筋混凝土基座上，基座被半埋在地下，因此从外部只能看到围有玻璃的基座上部。美术馆上层的空间和下层一样，亚光玻璃使日光漫射，形成了一个环绕整个建筑的条带。

沃尔索尔新美术馆，西米德兰兹郡，英格兰，1997—1999 年

—

卡鲁索-圣约翰建筑事务所：亚当·卡鲁索（生于 1962 年）和彼得·圣约翰（生于 1959 年）

—

雕塑家雅各布·爱泼斯坦的个人收藏属于沃尔索尔，这座城镇利用千禧年委员会的资助，将这些收藏妥善安置。美术馆设置了临时展览的空间以作为再生的核心空间。卡鲁索-圣约翰建筑事务所通过这个项目建立了名声，他们建造的木头架构的"屋中屋"坐落在一座宏伟而朴素的塔楼中，为小镇打造了一个反地标性的地标。小镇中有运河流过，标志着 1945 年后工业的消亡。

**新圣母修道院，波希米亚，捷克共和国，
1999—2004 年**

—

约翰·波森（生于 1949 年）和 Soukup 工
作室（成立于 1991 年）

—

在一个前社会主义国家建造一座新的西多
会修道院的委托听起来与想象中的进步
精神相去甚远，然而现代主义有着复杂的
起源，其价值观反映了宗教生活的朴实无
华。在看到英国极简主义大师约翰·波森
设计的卡尔文克莱恩商店的内饰图片后，
这个新修道院的院长意识到他就是改造这
一废弃的巴洛克农场庭院的理想建筑师。

美国民间艺术博物馆，西 53 街，纽约，2001 年

—

托德·威廉姆斯-钱以佳建筑事务所：托德·威廉姆斯（生于 1943 年）和钱以佳（生于 1949 年）

—

威廉姆斯和钱以佳以他们富有思想性的、缓慢的项目建设而闻名，这些特征通常体现于与艺术相关的项目，例如费城巴恩斯基金会收藏馆的新址。美国民间艺术博物馆的新馆就位于纽约现代艺术博物馆旁边，它的青铜板外墙和展品都广受赞誉。这座博物馆有着狭长的平面，展览被安排在高大的中庭里，因而自然光可以倾泻于独具特色的展品之上。遗憾的是，博物馆在开馆后因无力偿还建设债务，不得不在 2011 年将这处场馆卖给它强大的"邻居"，而纽约现代艺术博物馆决定将其拆除重建。

爱乐音乐厅，什切青，波兰，2007 年

—

巴罗齐-维加建筑工作室：法布里奇奥·巴罗齐（生于 1976 年）和阿尔贝托·维加（生于 1973 年）

—

白色是典型的现代主义颜色，在什切青这个于 20 世纪饱受破坏的小镇上，当乳白色玻璃和铝制外壳后部的空处在晚上亮起时，爱乐音乐厅就像一座被包裹的哥特城堡的幽魂。音乐厅内部的两座礼堂在色彩和质感上更具特色，交响乐厅有一个分面式天花板，由声学工程师伊希尼·阿劳参与设计。

国家歌剧院，奥斯陆，2000—2008 年

—

斯诺赫塔建筑事务所：创始人克雷格·爱德华·戴克斯（生于 1961 年）和谢蒂尔·特拉德尔·托森（生于 1958 年）

—

这个以挪威的一座山峰命名的建筑事务所成立于 1987 年，将景观和建筑设计结合于一体。这座令人期待已久的建筑专为国家歌剧院和芭蕾舞剧院而建，在现已不再使用的海港处另外创造了堆填地面。它面朝大海，背靠城市，为经过的人们提供了优美的风景。可供人登上的明亮的白色坡面组成了礼堂、排练厅和演出区域的屋顶，演出区域的外立面还装饰着蜿蜒的木质覆板。

方舟教会，济州岛，韩国，2010 年

—

**伊丹润建筑事务所：伊丹润（1937—
2011 年）**

—

这座教堂坐落于一个发展中的文化及市民
中心，但毗邻开阔的乡村，教堂正是采用
了简单的谷仓的形式。教堂的周围有一条
河环绕，入口设置在礼拜区和教区办公室
之间的中点处。屋脊的两端向上翘起，砖
瓦的图案有一种民间拼布艺术的感觉，与
木质框架的内部空间的肃穆形成对比。

赫普沃斯美术馆，韦克菲尔德，英格兰，
2003—2011 年
—
大卫·奇普菲尔德（生于 1953 年）
—
芭芭拉·赫普沃斯（1903—1975 年）出
生在南约克郡的小镇上，这座美术馆便是
为了陈列当地艺术品和芭芭拉·赫普沃斯
创作的雕塑及其他作品而建。美术馆十分
引人注目地坐落在一处被卡尔德河围绕的
区域，促进了这处前工业区的复兴。灰色
的混凝土盒体反映了美术馆上层画廊的形
状，参观者可以透过窗户，从画廊中观赏
静止和流动的水面。多年来，几乎全世界
都知晓作为建筑师的奇普菲尔德，除了他
保守的祖国——英国，但他逐渐拥有了越
来越多的英国项目，赫普沃斯美术馆便是
其中之一。

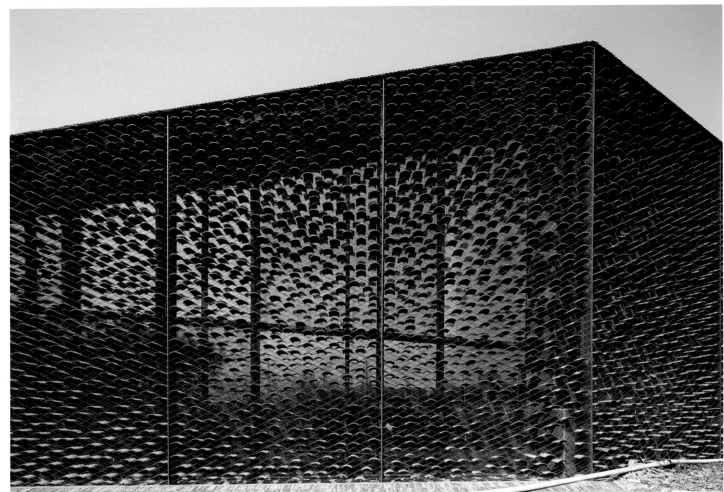

中国美术学院民俗艺术博物馆，杭州，
2014 年

—

隈研吾（生于 1954 年）

—

日本建筑师隈研吾致力于以一种非文字的
方式重新演绎悠久的建筑传统，这一点体
现于他为杭州的中国美术学院建筑群增设
的建筑中。在那里，前任建筑师王澍历
经多年抢救出来的传统屋顶瓦片用于制
作遮阳板，它们像飞翔的鸟儿一样悬起。
隈研吾于 2008 年出版的《负建筑》一书
以"建筑的消失与瓦解"为副标题，代表
了许多同时代建筑师的观点。

**卢浮宫朗斯分馆，朗斯，加莱海峡大区，
法国，2005—2012 年**
—
**SANAA 建筑事务所：创始人妹岛和世（生
于 1956 年）和西泽立卫（生于 1966 年）
伊姆雷-卡伯特公司：西莉亚·伊姆雷
（生于 1964 年）和蒂姆·卡伯特（生于
1960 年）
景观建筑师：凯瑟琳·莫斯巴赫（生于
1962 年）**
—
在利用博物馆建筑打造"毕尔巴鄂效应"
的众多尝试中，卢浮宫委托日本的 SANAA
建筑事务所在加莱海峡大区一个萧条的矿
业小镇上建造了一座分馆，该事务所以低
调但视觉上令人难忘的文化建筑取得了成
功。两个画廊排列于同一层，分列广场入
口区域的两边，外覆拉丝铝板和透明玻
璃板，半透明的天花板营造出一种空灵
的效果。

科克理工学院学生中心，科克，爱尔兰，1997—2006 年

—

德·布拉卡姆-马尔建筑事务所：肖恩·德·布拉卡姆（生于 1945 年）和约翰·马尔（1947—2021 年）
迈克尔·凯利（生于 1956 年）

—

该学生中心有着美观的内外墙面，它们由砖砌成并采用了石灰砂浆。这是德·布拉卡姆-马尔建筑事务所对历史形式和材料的创造性回应，令人诗意性地联想到曾与德·布拉卡姆合作的路易斯·康的建筑，而不是模仿或讽刺。这处校园建筑于 1990 年动工，德·布拉卡姆-马尔建筑事务所通过引入以同一种砖块建造的弧形建筑，改变了它原本的总体规划。

翠城新景，德普路 200 号，新加坡，
2009 年

—

大都会建筑事务所：奥勒·舍伦（生于
1971 年，主管合伙人）
雅思柏设计事务所（成立于 1978 年）

—

翠城新景如同一堆组装起来的玩具积木，
让人联想到谢菲尔德的公园山公寓和蒙特
利尔的栖息地 67（见第 172 页）。翠城新
景采用这种形式的目的也与它们相同——
使用社区建筑来消除独立塔楼住宅的疏离
感。这种形式能在交汇处提供服务中心，
从而降低了成本。此外，该建筑体十分注
重自然生长：楼体风道上设有池塘，通过
蒸发冷却空气。

赫尔辛基大学主图书馆，2012 年

—

安蒂宁–奥伊瓦建筑事务所（AOA）：塞利
娜·安蒂宁（生于 1977 年）和维萨·奥
伊瓦（生于 1973 年）

—

曲线形的砖砌外立面呼应着街道的走向，
并结合建筑内部空间的采光需求高低起
伏，以细密的砖格子遮住了楼层的高度。
这些元素的结合使主图书馆生气蓬勃又富
有装饰性。图书馆将之前分散的资源整合
在一起，成为位于赫尔辛基市中心的学生
中心，还有一个巨大的白色中庭贯穿图书
馆内部。

苏瑞福学生中心，伦敦政治经济学院，伦敦，2013 年

—

奥唐奈和图奥梅建筑事务所：希拉·奥唐奈（生于 1953 年）和约翰·图奥梅（生于 1954 年）

—

奥唐奈和图奥梅曾为詹姆斯·斯特林工作，后于 1988 年在都柏林成立了他们的建筑事务所。他们激发了关于建筑再生的讨论，并在 20 世纪 90 年代的坦普尔酒吧区的重修中展示了解决方案。伦敦政经学院是一所久负盛名但几乎隐形的学校，它的学生会就坐落于学校所在的一条狭窄街道上，因此它戏剧性的砖砌外墙部分要归功于采光权法令①，"它们就像是在风中演化或飘动"。街道的自由流动一直延续至建筑的内部。

———————

① 英国的一条法令，其中对新建楼房进行了规定，以保证原有建筑的采光。

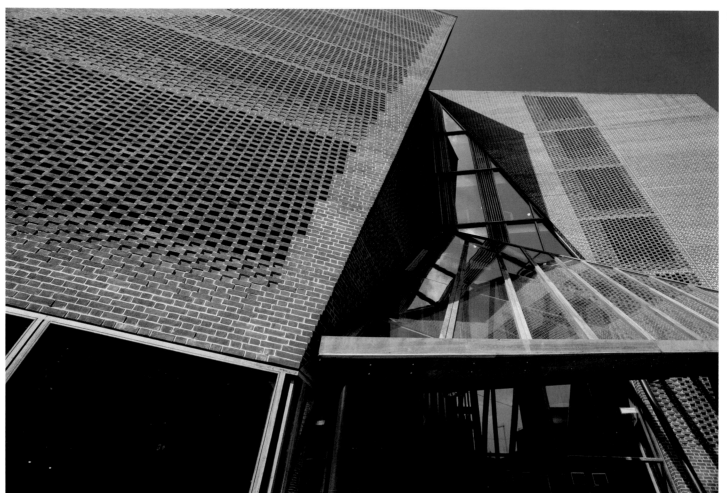

实心体 11，康斯坦丁·惠更斯路，阿姆斯特丹，2011 年

托尼·弗雷顿（生于 1945 年）

"实心体"是房屋协会 Stadtgenoot 给这座住宅建筑起的名字，它和阁楼公寓一样，提供了基本的房型和服务，由居民或住户自己装修，具有公寓、工作空间、商店和咖啡馆等多种功能。楼体的外立面为自身承重式，具有 200 年的使用寿命，它的底部外贴红色斑岩（致敬了阿道夫·路斯的大理石实用性的理念），而上部结构则用砖砌成。与弗雷顿所有的作品一样，对细节的参考构成了整体简洁形式的基础。

市场大厅，埃米尔·布劳恩广场，根特，比利时，1996—2012 年

罗布雷赫特与丹姆建筑事务所：保罗·罗布雷赫特（生于 1950 年）和希尔德·丹姆（生于 1950 年）
玛丽−何塞·范埃（生于 1950 年）

1996 年，该设计团队参与了根特市中心的新公共广场的竞赛，但由于他们拒绝在设计中包含一个地下停车场而被取消资格。这引发了抗议并改变了评审人员的想法，因此他们最终执行的方案包括重新铺设一系列相互连接的广场，并增加了这个市场大厅。市场大厅是一个有屋顶的开放空间，从外观上看就像一座有两堵陡峭山墙的建筑。屋顶下面有一家咖啡馆和一个自行车公园，传递出未来欧洲城市的信息。

290

群星公寓，东 6 街 240 号，洛杉矶，加利福尼亚州，2014 年

—

迈克尔·马尔赞（生于 1959 年）

20 世纪 30 年代，洛杉矶的贫民区通过靠近铁路货场的廉价旅馆开始发展。对这一区域的"清理"工作屡屡失败，直到 1989 年，贫民区住房信托基金开始提供质量更好的单身公寓。洛杉矶建筑师迈克尔·马尔赞曾为当地的超级富豪工作，他为信托基金设计了多个项目，这座堆叠在已有商业建筑上的装配式房屋便是其中之一。群星公寓还包括可生产食物的屋顶花园和卫生设施。

悬空学校，桑卡拉武里，泰国，2013 年

高知工科大学：渡边法美（生于 1971 年）

—

这所为难民儿童建造的学校毗邻缅甸边境，它的预算极低，由学生设计。策划者让孩子们想象他们未来的学校，一艘漂浮的船的想法为这个方案提供了灵感，并最终由日本一所大学的学生执行。学校的一层有三个用沙袋搭建的"舱体"，上面是一个有茅草屋顶的房间，房间用钢材和竹子搭起，可以保障房间的通风与采光。

受控的经验

实联化工水上办公楼，淮安市，江苏省，中国，2009—2014 年

—

阿尔瓦罗·西扎·维埃拉（生于 1933 年）
和卡洛斯·卡斯塔涅拉（生于 1957 年）

—

尽管阿尔瓦罗·西扎以反映葡萄牙当地特色的建筑而闻名，但他的建筑实践是国际化的，挑战着地域性的刻板预设。西扎设计的一家位于台湾的高尔夫会所促成了这个来自大陆的委托，紧接着又促成了另外两个委托，其中包括一座位于杭州的包豪斯式博物馆——这也许是现代主义自身的象征，并将时间和空间置于一个不间断的循环之中。回顾麦金托什的思想，以及弗兰克·劳埃德·赖特希望运用东方的影响来丰富垂死的西方建筑准则的想法，两者之间并没有明显的差别，尽管当这一愿望依附于一个大型化工厂时，这座"胜利的"建筑看起来像是掩人耳目的东西，并不为人所信服。

农场幼儿园，同奈省，越南，2013 年

—

武重义建筑事务所

—

这所幼儿园是为隔壁一家制鞋厂的 500 名工人的学龄前子女建造的，如它的名字所示，可供种植的屋顶位于建筑的缓坡带上，确保至少这部分新城市化的人口不会失去他们与农业性根源的联系。武重义建筑事务所成立于 2006 年，与建筑公司"风水住宅"合作完成了这个项目。在半岛电视台的一档英语系列节目中，武重义（生于 1976 年）被称为"回避'明星建筑'的魅力，用设计来解决世界上的城市、环境和社会危机的建筑师"。

294

延伸阅读

作者注

为这一宏大的主题列出一份简短的清单是十分困难的。以下列出的条目包括最常被问询的书中内容的来源，以及一些较易获得的相应时期的基础历史介绍。

读者若想获取更多单独建筑师和建筑作品的信息，可以使用大英建筑图书馆（British Architectural Library）的目录：http://riba.sirsidynix.net.uk/uhtbin/webcat。

历史时期

Behne, Adolf. *The Modern Functional Building*. (Santa Monica: Getty Research Institute, 1996.)

Behrendt, Walter Curt. *The Victory of the New Building Style*. (Santa Monica: Getty Research Institute, 2000.)

Hitchcock, Henry-Russell. *Modern Architecture: Romanticism and Reintegration*. (New York: Payson & Clarke, 1929.)

Platz, Gustav Adolf. *Die Baukunst der Nuesten Zeit*, second edition. (Berlin: Propyläen-Verlag, 1930.)

20 世纪晚期及之后的观点

Cohen, Jean-Louis. *The Future of Architecture Since 1889*. (London: Phaidon, 2012.)

Colquhoun, Alan. *Modern Architecture*. (Oxford: Oxford University Press, 2002.)

Curtis, William J. R. *Modern Architecture Since 1900*, third edition. (London: Phaidon, 1996.)

Koshalek, Richard, Elizabeth A. T. Smith and Celik Zeynep. *At the End of the Century: One Hundred Years of Architecture*. (New York: Abrams, 1998.)

Forty, Adrian. *Words and Buildings: A Vocabulary of Modern Architecture*. (London: Thames & Hudson, 2000.)

Levine, Neil. *Modern Architecture: Representation & Reality*. (New Haven: Yale University Press, 2009).

Lucan, Jacques. *Composition, Non-Composition: Architecture and Theory in the Nineteenth and Twentieth Centuries*. (Abingdon: Routledge, 2012.)

Norberg-Schulz, Christian. *Principles of Modern Architecture*. (London: Andreas Papadakis, 2000.)

Sharp, Dennis and Catherine Cooke, eds. *The Modern Movement in Architecture: Selections from the Docomomo Registers*. (Rotterdam: 010 Publishers, 2000.)

Tournikiotis, Panayotis. *The Historiography of Modern Architecture*. (Cambridge, MA: MIT Press, 1999.)

系列书籍

'Modern Architectures in History' (London: Reaktion Books):

Brazil (Richard J. Williams, 2009);

Britain (Alan Powers, 2007);

Finland (Roger Connah, 2005);

France (Jean-Louis Cohen, 2015);

Greece (Alexander Tzonis & Alcestis P. Rodi, 2013);

India (Peter Scriver & Amit Srivastava, 2015);

Italy (Diane Yvonne Ghirardo, 2012);

Russia (Richard Anderson, 2015);

Turkey (Sibel Bozdogan & Esra Akcan, 2012);

USA (Gwendolen Wright, 2008).

参考书目

Olmo, Carlo Maria, ed. *Dizionario dell'architettura del XX secolo* in six volumes. (Torino: Umberto Allemandi & Co., 2000.)

Conrads, Ulrich, ed., Tr. by Michael Bullock. *Programs and Manifestos on 20th-Century Architecture*. (Cambridge, MA: MIT Press, 1970.)

Ockman, Joan and Edward Eigen. *Architecture Culture, 1943-1968: A Documentary Anthology*. (New York: Rizzoli, 1993.)

296

索引

306

图片版权

作者和出版方希望感谢以下公司和个人授权使用这本书中的图片。我们尽最大努力列出了图片的版权所有者，若其中有遗漏或错误，出版方将十分乐意地将正确的信息添加至本书后来的版本中。

T：页面上部
B：页面下部
L：页面左侧
R：页面右侧

卷首页：Stéphane Groleau/Alamy
6　Private collection, London
7　The Museum of Modern Art Archives, IN15.1.© 2015. Digital image, The Museum of Modern Art, New York/Scala, Florence
8T　Private collection, London
8B　Image courtesy Graham Bizley
9T　Alan Powers
9B　Image courtesy Dixon Jones Ltd.
10　Private collection, London
11　Hélène Binet
12　RIBA Collections
14　John Peter Photography/Alamy
15　age fotostock/Alamy
16　Image courtesy Beurs van Berlage
17　Angelo Hornak/Alamy
18　B.O'Kane/Alamy. © ARS, NY and DACS, London 2015
19　Hemis/Alamy
20　Angelo Hornak/Alamy
21　INTERFOTO/Alamy
22　Novarc Images/Alamy
23L　Private collection, London
23R　"Theatre des Champs Elysees" © Auguste PERRET, UFSE, SAIF, 2015 and DACS
24　A.P.S. (UK)/Alamy
26　Heritage Image Partnership Ltd/Alamy
27T　Image courtesy Daniella Thompson
27B　John Henshall/Alamy
28　Ian Shaw/Alamy
30　Chris Hellier/Alamy
31　© ROUSSEL IMAGES/Alamy
32　Private collection, London
33　Hemis/Alamy
34　Private collection, London
35T　Kunstbibliothek, Staatliche Museen zu Berlin. Inventory No:. KBB 9925 © 2015. Photo Scala, Florence/bpk, Bildagentur fuer Kunst, Kultur und Geschichte, Berlin
35B　Wikimedia/Peterf/CC-BY-SA-3.0

36　Library of Congress
37　GL Archive/Alamy
38　Courtesy Arkdes, Stockholm
40　Anna Idestam-Almquist/Alamy
41　Arcaid Images/Alamy
42　Universal Images Group/DeAgostini/Alamy
43　Sunpix Travel/Alamy
44T　© Collection Artedia/View Pictures Ltd. "Palais d'Iéna" Auguste PERRET, UFSE, SAIF, 2015 and DACS
44B　Robert Matton AB/Alamy
45T　Courtesy of the Philadelphia Museum of Fine Art
45B　Hélène Binet
46　isifa Image Service s.r.o./Alamy
47T　Wikimedia/Ikiwaner/CC-BY-SA-3.0
47B　Photo courtesy and © Gisbert Fongern
48　Bildarchiv Monheim GmbH/Alamy
49　Wikimedia/Michal Klajban/Podzemnik/CC-BY-SA-3.0
50T　© Hulton-Deutsch Collection/Corbis
50B　Barry Lewis/Alamy
51　VIEW Pictures Ltd/Alamy
52　Lautaro/Alamy
53　AA World Travel Library/Alamy
54　Adam Eastland/Alamy
55　© Swim Ink 2, LLC/Corbis
56　Hemis/Alamy
57　Arcaid Images/Alamy
58　© Stephen Saks Photography/Alamy
60　Friedrichstrasse Skyscraper, project. Berlin-Mitte, Germany, 1921. Perspective of north-east corner. New York, Museum of Modern Art (MoMA). Charcoal and graphite on brown paper, mounted on board, 68 ¼ × 48' (173.4 × 121.9 cm). The Mies van der Rohe Archive. Gift of the architect. Acc. n.: 1005.1965. © 2015. Digital image, The Museum of Modern Art, New York/Scala, Florence. © DACS 2015
61, 64　Richard Pare
65T, 65C　Private collection, London
65B　Richard Pare
66, 68　Alan Powers
70　Bildarchiv Monheim GmbH/Alamy
71　imageBROKER/Alamy
72T　Private collection, London
72B, 73L　Bildarchiv Monheim GmbH/Alamy
73R　Alan Powers
74T　© FLC/ADAGP, Paris and DACS, London 2015
74B　VPC Travel Photo/Alamy © FLC/ADAGP, Paris and DACS, London 2015
75T　RIBA Library Photographic Collection
75B　Photo courtesy and © Mark Lyon
76T　Unidentified photographer. Marcel Breuer papers, Archives of American Art,

Smithsonian Insitution (Image no. 1019)
76B　isifa Image Service s.r.o./Alamy. © DACS 2015
77　Eva Gruendemann/Alamy
78　Paul Raftery/Alamy
80　picturesbyrob/Alamy
81　imageBROKER/Alamy
82　Alan Powers
84　Museum of Finnish Architecture
85　© G.E. Kidder Smith/Corbis
86　Prague National Technical Museum/AKG-images
88T　Wikimedia/trepex
88B　Private collection, Germany
89T　Photo: Martin Siplane/Museum of Estonian Architecture
89B, 90T　Private collection, London
90B　Photo: Archive of the Department of Architecture at USTARCH SAV
91　Jim Heimann Collection/Getty Images
92　Private collection, London
94　photo Benaki Museum, Neohellenic Architecture Archives
95　Architectural Press Archives/RIBA Collections
96T　Library of Congress
96B　Wikipedia/Manuelvbotelho
97T　Wikimedia/Stambouliote
97B　Eric Lafforgue/Alamy
98　Eckhard Ferrel, Frankfurt/Main (Ernst-May-Gesellschaft)
99　from: Modernism in China by Edward Denison
100T　Art, Architecture and Engineering Library, University of Michigan
100B, 101　from: Modernism in China by Edward Denison
102T　Photo by Wolfgang Sievers, State Library, Victoria, Australia
102B　RIBA Collections
103T　National Library of New Zealand, Te Puna Mātauranga o Aotearoa, Alexander Turnbull Library, Irene Koppel Collection Reference: 35mm-35607-5-F Photograph by Irene Koppel
103B　Danielle Tinero/RIBA Collections
104　Alvar Aalto Museum
106　G.E. Kidder Smith
107T　Image courtesy of Svenskt Tenn Archive, Stockholm
107B　Prisma Bildagentur AG/Alamy
108　Photo: Rose Hajdu
109　© Nikreates/Alamy
110　Peter Blundell-Jones
111　Arcaid Images/Alamy
112, 113　Jiri Havran
114　Arcaid Images/Alamy
116　Museum of Finnish Architecture
117　Courtesy Ola Laiho
118　Alan Powers

119T　Estate of Abram Games
119B　RIBA Collections
120　National Geographic Image Collection/Alamy
121　© John Ferro Sims/Alamy. © ARS, NY and DACS, London 2015
122　Bernard Rudofsky, Model for Arnstein House, Sao Paolo, 1939–41, Photo Sochi Sunami, Research Library, The Getty Institute, Los Angeles/© DACS 2015
123　Louis I. Kahn Collection, University of Pennsylvania and the Pennsylvania Historical and Museum Commission. Photo by Gottscho-Schleisner
124　© FLC/ADAGP, Paris and DACS, London 2015
126　Sarah Franklin Photography/Stockimo/Alamy. © FLC/ ADAGP, Paris and DACS, London 2015
127　Galit Seligmann/Alamy. © FLC/ ADAGP, Paris and DACS, London 2015
128　David Reed/Alamy. © FLC/ ADAGP, Paris and DACS, London 2015
129　Alan Powers
130　Mathias Beinling/Alamy
131T　imageBROKER/Alamy. © ARS, NY and DACS, London 2015
131B　Dorling Kindersley Ltd/Alamy
132T　Keystone Pictures USA/Alamy
132B　Steve Outram/Alamy
133T　Angelo Hornak/Alamy
133B　Adam Eastland/Alamy
134　Alan Powers
135　M.Flynn/Alamy
136T　Museum of Finnish Architecture;
136B　Wikipedia/Bengt Oberger
137T　Architectural Press Archive/RIBA Collections
137B　Hélène Binet
138　Rosmi Duaso/Alamy
139　Arcaid Images/Alamy
140　A.P.S. (UK)/Alamy
141　Thierry Grun/Alamy
142　Philip Scalia/Alamy
143　Arcaid Images/Alamy
144　Doug Steley A/Alamy
145　LOOK Die Bildagentur der Fotografen GmbH/Alamy
146　Michael Doolittle/Alamy
148　Bernard O'Kane/Alamy
149　John Woods/Alamy
150　Arcaid Images/Alamy
151　Wikimedia/Susleriel. © 2015 Barragan Foundation/DACS
152T　www.paulrudolph.org
152B　Ron Buskirk/Alamy Stock Photo
153　Fulvio Palma, Urbino
154T　Aldo Van Eyck Archive
154B　ETH Bibliothek, Zurich
155　Martin Pick/Alamy

图片版权

156 Arcaid Images/Alamy
157 © Nigel Green
158 Moonie's World/Alamy
160, 162T Courtesy, The Estate of R. Buckminster Fuller
162B Private collection, London
163 © Tracey Whitefoot/Alamy
164T Photo © Grant Mudford
164B Arcaid Images/Alamy. © ARS, NY and DACS, London 2015
165 Alan Powers. © ADAGP, Paris and DACS, London 2015
166T Everett Collection Historical/Alamy
166B Shockpix Select/Alamy
167L Walter Segal Self Build Trust
167R Carl Iwasaki/The Life Images Collection/Getty Images
168 Alan Powers. © ADAGP, Paris and DACS, London 2015
170T Private collection, Paris
170B Alan Powers
171 Used with permission. John Murray Press/Hodder & Stoughton Ltd
172 Stéphane Groleau/Alamy
174 Cambridge Historical Commission
175 Arcaid Images/Alamy
176T CSAC Università di Parma/Sezione Fotografia/Fondo Vasari
176B Courtesy Arup Associates
177 Pxel / Alamy
178T Image by Herman Herzberger
178B Image courtesy of Mary Ann Sullivan
179 Islemount Images/Alamy
180 Richard Einzig/arcaid.co.uk
181 RealyEasyStar/ Rodolfo Felici/Alamy
182 James Stirling/Michael Wilford Fonds/Collection Centre Canadien d'Architecture/Canadian Centre for Architecture, Montréal
184T Eamonn Canniffe
184B Alan Powers
185 © Corbis/Bettmann
186 Carol M. Highsmith Archive/Library of Congress
187 Peter Stone/Alamy
188T Philip Scalia/Alamy
188B Bildarchiv Monheim GmbH/Alamy
189 Patrick Batchelder/Alamy
190T Richard Bryant/Arcaid/Bridgeman Images
190B Ken Hurst/Stockimo/Alamy
191 Arcaid Images/Alamy
192 allOver images/Alamy
193 Bildarchiv Monheim GmbH/Alamy
194 By courtesy of the Estate of Ian Hamilton Finlay

195 Arcaid Images/Alamy
196 SFM ITALIA 2/Alamy
198 Stephen Bisgrove/Alamy
199 Copyright © 2013 Awwakil.com. All Rights Reserved
200T Image courtesy Christopher Alexander and the Center for Environmental Structure
200B Alan Powers
202 Arcaid Images/Alamy
203 B.O'Kane/Alamy
204 Stefano Politi Markovina/Alamy
206 Architecture Comes from the Making of a Room, 1971. Drawing for City/2 exhibition. Charcoal on tracing paper. Philadelphia Museum of Art, Gift of the Artist
208 FP Collection/Alamy
210 Alan Powers
211 Arcaid Images/Alamy
212T Courtesy Lucien Kroll
212B VIEW Pictures Ltd/Alamy
213 Washington Imaging/Alamy
214 Image courtesy John East
215L Charles Correa Associates
215R Photo: Sanyam Bahga
216 Sergio Azenha/Alamy
217 Photo by László György Sáros
218 VIEW Pictures Ltd/Alamy
219 © Bjanka Kadic/Alamy
220 ImageBROKER/Alamy
221 © VIEW Pictures Ltd/Alamy
222 Arcaid Images/Nicholas Kane/Alamy
223 Jeremy Sutton-Hibbert/Alamy
224L Iconsinternational.Com/Alamy
224R Arcaid Images/Alamy
226L Photo: Iwan Baan
226R David Cairns/Alamy
228T Photo: Josh Gibson
228B Courtesy and © Timothy Hursley
229 ScotStock/Alamy
230 © Helmut Jacoby/Foster + Partners
232T Ehrenkrantz Eckstut & Kuhn Architects
232B Photo by Julius Shulman/Library of Congress, Prints & Photographs Division, The Work of Charles and Ray Eames/© 2015 Eames Office, LLC (eamesoffice.com)
233 Arcaid Images/Alamy
234 Arcaid Images/Alamy
235 John Donat/RIBA Collections
236 Olivier Parent/Alamy. © DACS 2015
238, 239 Arcaid Images/Alamy
240 Photo: thomasmayerarchive.com/ © ADAGP, Paris and DACS, London 2015
242 Neil Grant/Alamy
243 Arcaid Images/Alamy
244 B.O'Kane/Alamy
245T Alan Powers

245B Image courtesy of MUJI
246T Riccardo Sala/Alamy
246B © David Sundberg/Esto
247 Morley von Sternberg
248 Image courtesy: Kingspan Insulation
249T © 2015, Herzog & de Meuron, Basel
249B BBC, Bielsa , Breide, Ciarlotti Bidinost Arquitectos. (www.bbcarquitectos.com.ar) Photographer: Manuel Ciarlotti Bidinost (www.estudiohomeless.com)
250 Courtesy Studio Libeskind
252T Wikipedia/Joebengo
252B John Norman/Alamy
253 Prisma Archivo/Alamy
254 travelstock44/Alamy
256, 257 Arcaid Images/Alamy
258 © Hcmis/Alamy. © OMA/DACS 2015
259 Petr Svarc/Alamy
260 Victor Finley-Brown/Alamy
261T Photo: Roland Halbe
261B imageBROKER/Alamy
262 Chris Hellier/Alamy
263 Bildarchiv Monheim GmbH/Alamy
264T View Pictures/Universal Images Group/Getty Images
264B B.O'Kane/Alamy
265 Arcaid Images/Alamy
266 Galit Seligmann/Alamy
267 Ger Bosma/Alamy
268 Lowefoto/Alamy
270 Arcaid Images/Alamy
272 Jack Aiello/Alamy
273 Justin Kase z12z/Alamy
274 Caruso St. John Architects
276T © Vincent Monthiers
276B © Nick Guttridge/View Pictures Ltd
277 Hélène Binet
278 image courtesy Jens Weber
279T © Chris Gascoigne/VIEW Pictures Ltd/Alamy
279B © Hufton+Crow/VIEW/Corbis
280 Alan Powers
282 Courtesy Sato Shinichi
283 Martin Priestley/Alamy
284 Edward Denison
285 Photo: Iwan Baan
286 © Peter Cook/View Pictures
288T Photo: Iwan Baan
288B © Mika Huisman
289 Jeffrey Blackler/Alamy
290L Image courtesy Tony Fretton Architects/Peter Cook
290R VIEW Pictures Ltd/Alamy
291T Photo: Iwan Baan
291B Image courtesy Kikuma Watanabe
292 FG + SG Architectural Photography
294 courtesy Gremsy
296 Riccardo Sala/Alamy

致谢

感谢劳伦斯·金出版社的菲利普·库珀向我约稿这本书，感谢爱丽丝·格雷厄姆作为编辑的耐心，感谢文字编辑安吉拉·库、审阅人利兹·琼斯和设计师约翰·道林。感谢彼得·肯特坚持不懈地寻找图片并获取图片授权。在搜集图片的过程中，我也受到了众多好友的关照，尤其是彼得·布隆德尔-琼斯、埃蒙·卡尼菲、约翰·伊斯特、艾兰·哈伍德和马克·特雷布，以及其他在图片版权中提及的人。我还要感谢在日本的桑德拉·巴尔吉亚诺、法兰克福 DAM 事务所的克劳迪娅·奎林、斯图加特的丹·泰奥多罗维奇和哈佛大学的伊内兹·萨尔敦多，他们帮忙找到了一些难以在网络上找到的图片。

310

认识建筑

著　　者：［美］罗伯特·麦卡特、［芬］尤哈尼·帕拉斯玛

译　　者：宋明波

书　　号：978-7-5356-8837-8

页　　数：452

装　　帧：精装

定　　价：198.00 元

内容简介

　　本书是一本为大众读者撰写的建筑入门读物，目的在于为他们提供一种理解和体验建筑的全新的途径。全书根据关键的建筑主题划分为 12 章，精心挑选包括埃及金字塔和悉尼歌剧院在内的 72 座代表性建筑，引领读者展开一场仿佛亲身参与的"田野调查"。每章有一篇简短的引言介绍相关概念和背景知识，然后用 6 个建筑实例详解该主题，搭配精美的建筑照片和带有观赏路线的平面图，为读者带来愉悦的阅读体验和身临其境的在场感。

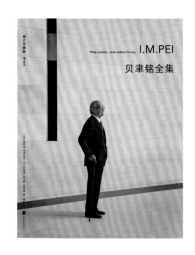

贝聿铭全集

著　　者：［美］菲利普·朱迪狄欧、［美］珍妮特·亚当斯·斯特朗

译　　者：黄萌

书　　号：978-7-5596-4456-5

页　　数：372

装　　帧：精装

定　　价：238.00 元

内容简介

　　本书是迄今为止最权威、全面的贝聿铭作品集，遴选了贝聿铭各个时期以主要负责人或建筑设计师承担的 50 个建筑项目，图文并茂地介绍了贝氏接受项目委托的背景、进行项目设计和建造时的构思与具体实施过程，所经历的种种波折和项目完成后产生的影响，以及人们对其作品的评价等。这 50 个建筑项目按时间顺序排列，时间跨越 60 年，串联起来就是一部贝聿铭的建筑生涯史，展示了贝聿铭一众卓越的建筑作品和其超越时代的建筑思想。书后附有贝聿铭全部作品名录，包含创作时间、项目地址、参与人员等重要信息。贝聿铭晚年时的同事、木心美术馆的设计者林兵先生特为此书写了纪念性的序言，回顾了贝聿铭先生一段鲜为人知的往事。

建筑的故事

著　　者：［英］帕特里克·纳特金斯
译　　者：杨惠君 等
书　　号：978-7-5356-9541-3
页　　数：480
装　　帧：精装
定　　价：298.00 元

内容简介

　　大致以时间为序，介绍全球数千年的建筑艺术。对各时期、各地域的建筑风格及代表建筑，作者从起源、发展、特征等方面讲述其背后的故事，并提出自己的见解，尝试走进每位伟大建筑师的内心，是一本包含人文、历史和建筑知识的建筑通史。

建筑风格

著　　者：［美］玛格丽特·弗莱彻
绘　　者：［英］罗比·波利
译　　者：王心玥
书　　号：978-7-5746-0217-5
页　　数：292
装　　帧：精装
定　　价：118.00 元

内容简介

　　本书是一部简单易读的建筑风格视觉指南，汇总并梳理了几千年年来世界各地的主要建筑风格。该书收录了近 500 幅由著名建筑插画家罗比·波利绘制的建筑素描，搭配专业建筑学者玛格丽特·弗莱彻撰写的精辟翔实的文字解读，帮助读者直观领会建筑风格要点。这本独特的建筑指南涵盖了大量古代和当代建筑风格，从古代的古典风格到前哥伦布风格、从文艺复兴风格到新艺术风格、从粗野主义到仿生建筑。本书还专辟一章详细介绍了穹顶、柱式、拱券、窗户等建筑构件，为读者带来全方位的建筑风格知识。